DIE RHÄTISCHE BAHN

EISENBAHN-MARATHON IN DEN SCHWEIZER ALPEN

BERNHARD STUDER

alba

Titelseite: Der unterhalb von Filisur an der Albulalinie gelegene Landwasser-Viadukt wird oft als Wahrzeichen der RhB bezeichnet. Der 61 m hohe Viadukt ist in einer engen Kurve mit 100 m Radius gelegen. 8. 7. 1993

Seiten 2/3: Nostalgie und Romantik: Die Ge 6/6I (C'C') 414 führt einen Salonzug durch die Bündner Herrschaft. Malans, 22. Mai 1988

Vorbemerkung

Bewußt wurden einige spezielle Schweizer Ausdrücke sowie spezielle Begriffe der Schweizer Eisenbahnsprache beibehalten. Zum Beispiel:
- „das Trassee" anstelle von „die Trasse" (Herkunft: le tracé)
- Bei Lokomotivbezeichnungen: „Serie", nicht „Baureihe"
- „Depot" statt „Bahnbetriebswerk"
- In der Schweiz wird unterschieden zwischen „Bahnhof" (groß), „Station" (klein, bedient) und „Haltestelle" (klein, unbedient).

Bündner Spezialitäten:
- Schreibweise der Ortschaften: Zweisprachige Doppelnamen werden mit Schrägstrich (/) getrennt, Beispiel Disentis/Mustér (deutsch/romanisch). Bei Bahnhöfen, die zwei Ortschaften dienen, werden die beiden Namen mit Bindestrich getrennt, Beispiel Reichenau-Tamins. Kombinationen sind möglich, Beispiel Tavanasa-Breil/Brigels. Grundsätzlich sind im Manuskript auch im historischen Teil alle Ortsnamen in der heute üblichen Schreibweise gehalten.
- In der rätoromanischen Sprache existiert der Buchstabe „s-ch" mit integriertem Bindestrich, Beispiel S-chanf (Ortsname).
- „Rhätisch" bzw. „rätisch" kann mit oder ohne h geschrieben werden. Im Manuskript werden die Schreibweisen fallweise mit oder ohne h verwendet.

Die Deutsche Bibliothek – CIP-Einheitsaufnahme

Die **Rhätische Bahn** : Eisenbahn-Marathon in den Schweizer Alpen / Bernhard Studer. – Düsseldorf : Alba, 1994
ISBN 3-87094-227-4
NE: Studer, Bernhard

Layout Peter Gerens, Düsseldorf
Herstellung Druckhaus B. Kühlen KG, Mönchengladbach
ISBN 3-87094-227-4

Inhaltsverzeichnis

Aus der Not entstanden

Ursprünglich hat in Graubünden eigentlich niemand die Rhätische Bahn gewollt. Die Besinnung und Beschränkung auf Bau und Betrieb einer bescheidenen Meterspurbahn ist den Bündnern nicht leicht gefallen. Die Geschichte des rätischen Freistaates ist nun einmal im Wesentlichen die Geschichte seiner Pässe und Verkehrslinien. Doch in der zweiten Hälfte des letzten Jahrhunderts hat Graubünden einen wichtigen Kampf verloren: Den Kampf für eine große rätische Schienen-Alpentransversale. Daraus ist eine sehr schwierige Situation entstanden, aus der sich die Bündner aber aus eigener Kraft gerettet haben: Mit dem Bau des großartigen rätischen Meterspur-Schienennetzes als Lebensnerv für den gebirgigen Kanton. Auch unter den grundlegend geänderten heutigen Rahmenbedingungen gehört die Rhätische Bahn zu den Tragsäulen der Volkswirtschaft Graubündens. Die Mühen haben sich gelohnt.

Am 22. Mai 1882 begrüßt der schweizerische Bundespräsident Simon Bavier die aus Anlaß der Eröffnung der Gotthardbahn angereisten hochrangigen Gäste aus der Schweiz, Italien und Deutschland. Für Bavier ist dies kein Grund zu ungetrübter Freude. Der aus Chur stammende Ingenieur gehört zu den feurigsten Ostalpenbahn-Vorkämpfern. Vor seiner Wahl in die Landesregierung hat der Bündner selber mehrere Projekte für Alpenbahnen durch seinen Heimatkanton entworfen. Doch das Glück ist nicht auf seiner Seite gestanden. So wird ihm denn die Würde zur Bürde: Nur allzugerne hätte er, der Bundespräsident, die Ehre der Eröffnung der Gotthardbahn seinem Vizepräsidenten A. Ruchonnet überlassen. Doch der Waadtländer ist konsequenter Gotthardgegner geblieben und will Bavier diese Bürde unter keinen Umständen abnehmen. So trinkt denn der Bündner auf das Wohl seiner Majestät des deutschen Kaisers und des Königs von Italien.

Was Bavier befürchtet, tritt bald ein. Die Gotthardbahn hat verhehrende Folgen für Graubündens Volkswirtschaft. Der Transitverkehr über die Bündner Pässe bricht völlig zusammen. Damit ist dem Bündner Transportgewerbe die Existenzgrundlage entzogen. Die Täler Domleschg, Schams und Rheinwald beginnen sich zu entvölkern. Dabei hat doch alles einmal ganz anders ausgesehen: Bereits 1838 hat Richard La Nicca die ersten Studien über Bahnbauten am Splügen, San Bernardino und Maloja vorgelegt. 30 Jahre lang folgten in ununterbrochener Reihe Projekte und Studien für Bahnbauten über den Splügen, Greina und andere Bündner Pässe, hauptsächlich aber über den Lukmanier. Lange Zeit schienen die Bündner einen riesigen Vorsprung vor den Gotthardisten zu haben. Erst Mitte der sechziger Jahre hat sich das Blatt gewendet. 1871 waren die Gotthardverträge ratifiziert, im folgenden Jahr begannen die Bauarbeiten. Jetzt, 1882, feiern die Gotthardisten zu Recht ihren großen Triumph.

Ein zielstrebiger Visionär aus den Niederlanden

Eisenbahnen werden zu jener Zeit gleichgesetzt mit Fortschritt und Anschluß an die weite Welt. Auf Bündner Boden liegt erst das 20 km kurze Anschlußstück von Bad Ragaz nach Chur, das bereits 1858 von den VSB (Vereinigte Schweizer Bahnen) als Teilstück für eine Lukmanierbahn gebaut worden ist. Zuerst vereinzelt und kleinlaut, dann immer zahlreicher und dringender wird deshalb der Ruf nach Lokalbahnen im bevölkerungsreichen Churer Rheintal und im Oberengadin. Da mehrere ähnliche Projekte miteinander konkurrieren, werden große Kräfte durch unnütze Kämpfe gebunden.

Plötzlich überrascht Willem Jan Holsboer das Land mit einem fait accompli. Der gebürtige Holländer und in Davos niedergelassene Mitbegründer des Weltkurortes hat seit langem in aller Stille an einem Eisenbahnprojekt gearbeitet. Nach seiner Vorstellung sollte eine Meterspurbahn von Landquart durch das Prättigau nach Davos, über den Scalettapaß ins Engadin und über Maloja und durch das Bergell nach Chiavenna führen. Gelassen hat er in Kauf genommen, wegen seiner Visionen belächelt zu werden. Jetzt aber legt er ein fixfertiges Teilprojekt für eine Meterspurbahn von Landquart nach Davos vor. Er hat es verstanden, in kürzester Zeit die Prättigauer und Davoser Gemeinden zu einigen und die Finanzierung der Bahn mit einem am 12. September 1886 unterzeichneten Vertrag sicherzustellen. Nur wer die Schwierigkeiten kennt, bündnerische Gemeinden unter einen Hut zu bringen, weiß das von Holsboer vollbrachte Kunststück voll zu würdigen. Zwei Jahre später ist die Strecke im Bau. Bereits am 9. Oktober 1889 wird der Betrieb auf der Teilstrecke von Landquart nach Klosters eröffnet. Da der Bau des Cavadürli-Kehrtunnels länger dauert, wird die Fortsetzung bis Davos Platz erst seit dem 21. Juli 1890 durchgehend befahren.

Aufbau eines Bündner Meterspurnetzes

Holsboer treibt unaufhaltsam weiter. 1890 veranlaßt er die Gründung der Schweizerischen Eisenbahnbank in Basel, der er die Finanzierung und Ausführung eines bündnerischen Schmalspur-Bahnnetzes als Hauptaufgabe nahelegt. Ende 1890 wird der Eisenbahnbank die Konzession für eine Schmalspurbahn von

Willem Jan Holsboer, geboren am 23. August 1834 in Zutphen in der niederländischen Provinz Geldern, gestorben am 8. Juni 1898 in Schinznach Bad.

Chur nach Thusis erteilt. Damit springt der Kanton Graubünden über seinen eigenen Schatten und findet sich mit der mageren Wirklichkeit einer schmalspurigen Lokalbahn ab. Doch Thusis ist nur Etappenziel. Holsboer wie auch seine Konkurrenten drängen auf eine Bahn nach Süden zum nächsten Etappenziel im Engadin. Scaletta, Albula oder Julier – darüber entbrennt ein heftiger Streit.

Inzwischen treten auf dem Geldmarkt und in der schweizerischen Eisenbahngesetzgebung Veränderungen ein, welche der Basler Eisenbahnbank das Bahnnetz in Graubünden plötzlich wenig begehrenswert erscheinen lassen. Die Bündner Regierung verhandelt mit der Bank, dann mit der Generaldirektion der VSB. Der Bescheid der VSB ist eindeutig: „Chur-Thusis: Diese Bahn ist nichts und wird nichts!" Schließlich erklärt sich die Eisenbahnbank bereit, ihre Bahnkonzession der Bahngesellschaft

Landquart–Davos abzutreten. 1894 beginnt der Bau der Strecke nach Thusis, und gleichzeitig wird das meterspurige Verbindungsstück von Chur nach Landquart in Angriff genommen. Die Schmalspurbahn Landquart–Davos ändert dem erweiterten Programm entsprechend ihren Namen und heißt ab dem 12. Februar 1895 „Rhätische Bahn". Gleichzeitig wird der Direktionssitz von Davos nach Chur verlegt. Grundlage für die weitere Entwicklung der RhB bildet das erste kantonale Eisenbahngesetz, das den Kanton zum Erwerb von RhB-Aktien ermächtigt und dem das Bündner Volk am 20. Juni 1897 mit großer Mehrheit zustimmt. Damit wird die RhB zur Bündner Staatsbahn.

Als in erster Priorität zu bauende Bahnen werden diejenigen von Reichenau nach Ilanz und von Thusis ins Engadin erklärt. Hierbei bleibt vorerst offen, ob für die Linie ins Engadin eine Scaletta-, eine Albula- oder eine Julier-Bahn gebaut werden soll. Anfang 1897 löst sich der Pragmatiker Holsboer und mit ihm Davos von der Scaletta-Vision. Noch im gleichen Jahr fällt der Entscheid zugunsten einer Albulabahn.

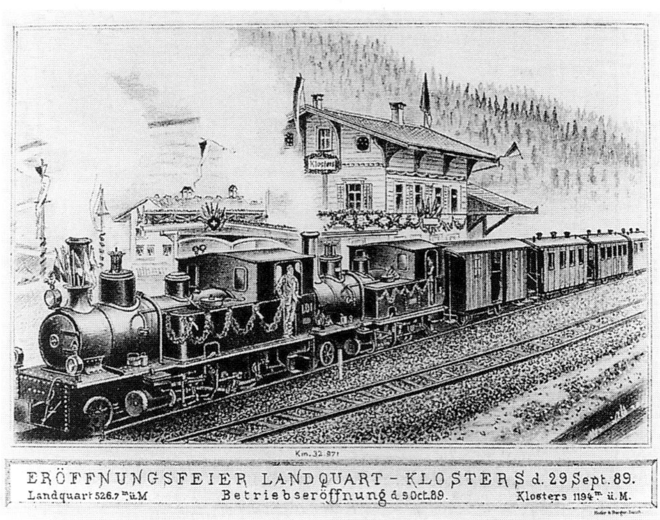

29. September 1889: Die erste Teilstrecke der heutigen RhB wird eröffnet. Der von den G 3/4 1 „Rhätia" und 2 „Prättigau" geführte Eröffnungszug Landquart–Davos–Bahn trifft in Klosters ein.

Sowohl die Albulalinie wie auch die Verbindung nach Ilanz werden im Sommer 1903 eröffnet. In der nächsten Bauetappe zwischen 1908 und 1913 werden die Strecken nach Scuol im Unterengadin, nach Disentis im oberen Oberland sowie die Verbindungsstrecke von Davos nach Filisur gebaut. 1913, 24 Jahre nach der Eröffnung der ersten Meterspurstrecke in Graubünden, ist der Bau des 276 km langen RhB-Stammnetzes abgeschlossen. Weitere Projekte liegen ausführungsreif in der Schublade, als der Erste Weltkrieg ausbricht. Die bereits konzessionierten Strecken von St.Moritz über Maloja nach Chiavenna sowie von Scuol über Martinsbruck in Richtung Landeck werden nicht mehr gebaut. Ebenso verhindert der Kriegsausbruch die Realisierung der Bernhardinbahn von Thusis nach Mesocco sowie der von der Bozen-Meran-Bahn angeregten Ofenbergbahn von Zernez ins Vintschgau.

Weitere Entwicklung des RhB-Streckennetzes

Das RhB-Stammnetz, also die durch die RhB selbst und durch ihre Vorgängerunternehmung Schmalspurbahn Landquart–Davos erbauten Strecken, hat sich seit 1913 nicht mehr verändert. Erst die im Bau befindliche Vereinalinie, die von Klosters nach Susch und Lavin im Unterengadin führen wird, bringt eine Erweiterung.

Eine Ausdehnung erfolgt jedoch im Zuge einer umfassenden Privatbahnsanierung Anfang der vierziger Jahre: Zwischen 1942 und 1944 fusionieren die drei unabhängig von der RhB entstandenen Bahnen von Bellinzona nach Mesocco, von Chur nach Arosa und über die Bernina mit der Rhätischen Bahn. Das Streckennetz der RhB erreicht damit seine bisher größte Ausdehnung von 394 km. Heute, nach der Einstellung der Strecke im Misox, betreibt die Rhätische Bahn ein Netz von 375 km und wird damit von keiner anderen schweizerischen Privatbahn übertroffen.

27. Juni 1903: Der Eröffnungszug der Albulalinie erreicht den Bahnhof Samedan.

Die RhB heute

Edgar Styger, Direktor der Montreux – Berner Oberland – Bahn (MOB) und konzeptioneller Vordenker unter den schweizerischen Bahnstrategen, bringt es auf den Punkt: „Eine Bahn zu betreiben reicht heute nicht mehr. Wir müssen sie als Markenartikel positionieren, daraus ein Qualitätsprodukt schaffen!" Die Rhätische Bahn kann wie die MOB oder die benachbarte Furka-Oberalp-Bahn Erfolge vorweisen: Dank Glacier- und Bernina-Express ist die Zahl der Fahrgäste in erfreulichem Maße angestiegen. Rund 8,5 Millionen Menschen nehmen jedes Jahr als Reisende die Dienste der Bündner Staatsbahn in Anspruch. Trotz Meterspur spielt die RhB auch im Güterverkehr eine wesentliche Rolle. Gegen eine Million Tonnen Güter werden jährlich transportiert.

Am Morgen des 15. Oktober 1988 dampft die 1906 für die Albulalinie gebaute G 4/5 107 vor den drei letzten erhalten gebliebenen Offenplattform-Vierachswagen der RhB von Landquart nach Malans. Im Hintergrund erheben sich die Gipfel des St.Galler Oberlandes, nämlich ganz links die Kette der Churfirsten, über dem mittleren Personenwagen der Gonzen und über dem ersten Wagen der Alvier.

Die Stammstrecke der Rhätischen Bahn

Am 12. März 1888 begannen die Bauarbeiten für die Schmalspurbahn Landquart–Davos. 19 Monate später, am 29. September 1889, erreichte der offizielle Eröffnungszug die Station Klosters. Die Betriebsaufnahme auf dem Abschnitt Landquart–Klosters erfolgte kurz darauf am 9. Oktober 1889. Da die Arbeiten für den Bau des Cavadürli-Kehrtunnels oberhalb Klosters länger dauerten, konnte die Fortsetzung von Klosters nach Davos erst neun Monate später am 21. Juli 1890 eröffnet werden. Die Strecke war damals die höchstgelegene Adhäsionsbahn in Europa.

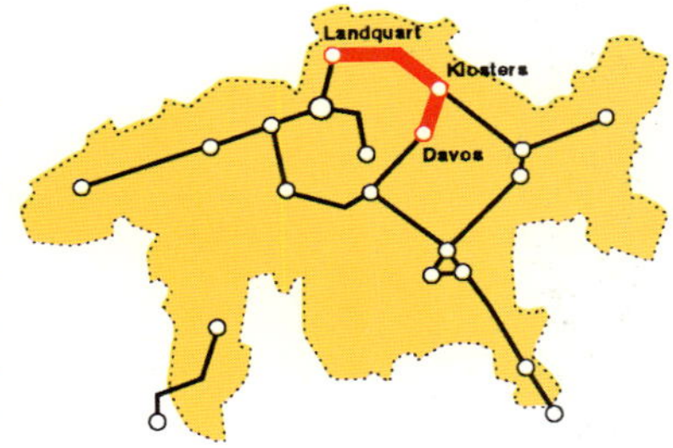

Als die Bahnstrecke Rorschach–Chur als erste Bahnlinie Bündner Boden erreicht, gilt sie noch als Teilstück einer künftigen Transitbahn, die aus dem Bodenseeraum über den Lukmanierpaß nach Italien führen soll. 1871 werden aber die Gotthardverträge ratifiziert und im folgenden Jahr beginnen die Bauarbeiten am Gotthard. Graubünden gerät damit ins Abseits und muß sich damit abfinden, in absehbarer Zeit zu keiner eigenen Alpentransitbahn zu kommen.

Der Entscheid für die Gotthardbahn führt in Bünden zu tiefer Entmutigung. Es steht fest, daß Graubünden die einträglichen Personen- und Warentransporte über die Pässe Maloja, San Bernardino, Splügen und Lukmanier weitgehend verlieren wird. Die Arlbergbahn, deren Bau zur gleichen Zeit erfolgt, gefährdet zudem den Transitverkehr auf der Achse Landquart–Davos–Flüelapass–Unterengadin–Landeck.

Während am Gotthard und am Arlberg die Bohrmaschinen arbeiten, beginnen einige wenige mutige Bündner zaghaft über den allfälligen Bau von lokalen Anschlußbahnen nachzudenken. Die kantonalen Behörden versäumen es allerdings, in dieser schwierigen Situation eine sichtbare Führungsrolle zu übernehmen.

Ein erstes Lokalbahnprojekt stammt aus dem Jahr 1873 und befasst sich mit einer in erster Linie dem Tourismus dienenden Verbindungsbahn zwischen den Oberengadiner Kurorten. Projektverfasser ist kein geringerer als Simon Bavier, der einstige Vorkämpfer für eine Bündner Alpentransversale und spätere Bundesrat. 1874 setzt sich der Thusner Jurist Sebastian Hunger für den Bau eines Netzes von Erschliessungsbahnen ein: In erster Priorität sollten seiner Meinung nach vom Raum Chur/Landquart aus das untere und mittlere Prättigau, das Tal des Hinterrheins bis Thusis sowie dasjenige des Vorderrheins bis Ilanz mit Schienen erschlossen werden. Im Stillen befaßt sich Hunger jedoch bereits mit der Idee einer Bündner Centralbahn ins Engadin – und weiter nach Italien.

Langsame Verkehrsentwicklung im Prättigau

Bis weit über das Mittelalter hinaus ist das Prättigau eine sehr unwegsame Gegend. Der Talboden ist weitgehend vom

Flußlauf der Landquart gefährdet. Trotzdem ist das Tal bereits früh besiedelt. Bis Mitte des 19. Jahrhunderts führt nur ein holpriger Saumweg durch das Tal, der wo immer möglich der Landquart ausweicht. Erst nach 1840 wird mit dem Bau der heutigen Talstraße begonnen, die 1860 durchgehend fertiggestellt ist. Damit beginnt die Zeit des Postkutschenbetriebes ab der Haltestelle Landquart der normalspurigen Bahnstrecke vom Bodensee nach Chur.

Schienen durch das Prättigau?

Der in Davos wohnhafte Willem Jan Holsboer spielt wie Sebastian Hunger mit dem Gedanken an eine aus eigener Kraft zu bauende Transitbahn durch Graubünden nach Italien. Diese soll seiner Überzeugung nach von Landquart nach Davos und weiter über den Scaletta-Paß und durch das Bergell nach Chiavenna führen. Der gebürtige Holländer ist aber Realist und Pragmatiker: Er ist davon überzeugt, daß er sein Ziel nur mit einer kostengünstig zu bauenden und zu betreibenden Schmalspurbahn und nur bei etappenweisem Vorgehen erreichen kann. In der Öffentlichkeit wirbt er lediglich für den Bau einer Bahn von Landquart nach Davos. Seine Idee für eine Scalettabahn hält der gewiefte Taktiker bewußt im Hintergrund, um keine Abwehrkräfte in anderen Bündner Regionen zu aktivieren. Sehr zielorientiert läßt der ehemalige Hochseekapitän und spätere Bankkaufmann – übrigens unter Beizug von Simon Bavier – ein ausführungsreifes Projekt für eine Meterspurbahn durch das Prättigau nach Davos erarbeiten. Mit standfester Beharrlichkeit und viel diplomatischem Geschick versteht es Holsboer tatsächlich, die Prättigauer und Davoser Gemeinden in kürzester Zeit zu einigen und für den Bau einer Meterspurbahn von Landquart nach Davos zu gewinnen. Einzig Klosters verwirft den Subventionsantrag des Initiativkomitees und verspricht lediglich einen Teil des vorgesehenen Kredites. Nachdem anstelle von Klosters die Gemeinde Malans gewonnen werden kann, ist die Finanzierung der Bahn gesichert. Das Einlenken von Malans bewirkt eine Projektänderung: Statt von Landquart aus auf dem direkten Weg über Ganda zur Klus am Eingang zum Prättigau zu gelangen, macht die Bahn einen kleinen Umweg und bedient zusätzlich die Ortschaft Malans.

Am 12. September 1886 wird der entscheidende Vertrag unterzeichnet. In Chur und Thusis beschäftigt man sich zur gleichen Zeit mit Projekten für eine Bahn über Thusis in Richtung Engadin. Dies treibt Holsboer zu raschem Handeln: Er will seine Idee für eine Scaletta-Bahn unter keinen Umständen gefährden. Am 22. April 1887, genau vier Tage vor der Konzessionserteilung für eine Centralbahn an Hunger, wird Holsboer die Konzession für eine Schmalspurbahn von Landquart nach Davos erteilt.

Vom Bau der Landquart–Davos-Bahn

Der Auftrag für den Bau der Linie wird den beiden Firmen Philipp Holzmann & Cie in Frankfurt am Main und Jakob Mast in Zürich erteilt. Zwischen Oktober 1886 und Mai 1887 finden die Geländeaufnahmen für die Erstellung der Pläne statt. Das ursprüngliche Projekt sieht vor, daß die Bahn bis Klosters im Talboden verlaufen und von dort weg als Zahnradbahn fortgesetzt werden sollte. Um auf den umständlichen Zahnstangenbetrieb verzichten zu können, werden neue Varianten gesucht. Vorübergehend steht dabei eine Variante mit zwei Spitzkehren zwischen Klosters und Davos im Vordergrund. Wegen der zu erwartenden Probleme mit dem Winterbetrieb wird die ursprünglich im Cavadürli vorgesehene Spitzkehre durch den Cavadürli-Kehrtunnel ersetzt. Im Bahnhof Klosters wird jedoch eine

Spitzkehre gebaut. Wegen der ohnehin nötig scheinenden Aufenthaltszeit für das Nachrüsten der Dampflokomotiven scheint sie wenig hinderlich.

Mit Verträgen vom 23. Mai und 5. Juni 1888 werden die Firmen Holzmann und Mast verpflichtet, die Bahnlinie für einen Preis von 4,78 Mio Franken betriebsbereit inklusive Hochbauten fertigzustellen. Als Zusatzauftrag wird Holzmann auch die Beschaffung des Rollmaterials für 390 000 Franken übertragen.

Bereits vor der Vertragsunterzeichnung, am 12. März 1888, beginnen beim Fuchsenwinkel-Tunnel oberhalb von Schiers die ersten Bauarbeiten. Nachdem die gültigen Verträge vorliegen, werden die Arbeiten sofort auf der ganzen Streckenlänge von Landquart bis Davos in Angriff genommen. Die Ausführung der einzelnen Arbeiten wird zum großen Teil an Subunternehmerfirmen vergeben.

2000 bis 3000 Bauarbeiter, vorwiegend Italiener, stehen gleichzeitig im Einsatz. Von Landquart aus wird eine Baubahn verlegt, auf der schweres Material herantransportiert werden kann. Vor der Fertigstellung des Saaser-Tunnels führt dieses Baugleis um den Saaser Hügel herum – übrigens ist das alte Trassee dort auch heute noch sehr gut zu erkennen.

Insgesamt sind drei Tunnels – der Fuchsenwinkel-Tunnel zwischen Schiers und Furna (225 m, 1978 nach dem Bau einer gestreckten Linienführung aufgegeben), der Saaser-Tunnel unterhalb der Station Saas (88 m), sowie der 334 m lange Cavadürli-Tunnel oberhalb von Klosters zu bohren. Alle weiteren Tunnels der Strekke, nämlich der Chlus-Tunnel (1019 m, 1963 eröffnet), der neue Fuchsenwinkel-Tunnel (785 m, 1978 eröffnet), der Kübliser-Tunnel (215 m, 1961 eröffnet) und der Klosterser-Tunnel (400 m, eröffnet 1930 im Zusammenhang mit der Aufhebung der Klosterser Spitzkehre), werden erst später gebaut.

Niederlagen im Kampf gegen die Naturgewalten

In ihrer über hundertjährigen Geschichte wird die Davoserlinie mehrmals von Naturkatastrophen betroffen. Drei Ereignisse ragen besonders heraus:

Am 14./15. Juni 1910 verwüstet eine Hochwasserkatastrophe weite Teile des Prättigaus. Die Dörfer Küblis-Dalvazza, Jenaz, Schiers und Grüsch sowie die RhB-Strecke Landquart–Küblis werden schwer in Mitleidenschaft gezogen. Während die RhB-Brücke über den Schraubach verloren geht, kann diejenige über den Taschinasbach nur dadurch gerettet werden, daß die gesamte Eisenkonstruktion von beherzten Hilfskräften angehoben wird. An rund einem Dutzend Stellen werden die Schienen – teils samt Unterbau – weggespült. Trotz enormer Schäden kann die RhB knapp zwei Monaten später den durchgehenden Betrieb wieder aufnehmen.

Am 29. April 1917 führt der Niedergang der Drusatscha-Lawine zwischen Davos Wolfgang und Davos Platz zum schwersten Eisenbahnunglück, von dem die Rhätische Bahn jemals betroffen worden ist. Dieser bekannte, aber als wenig gefährlich geltende Lawinenzug quert das Bahntrassee und läuft danach gegen den Davoser See hin aus. Nach einer siebentägigen Streckenunterbrechung wegen dieser Lawine sind 1892 einige Verbauungen errichtet worden. So wiegen sich der Lokführer und der Heizer des mit rund 50 Personen besetzten Nachmittagszuges von Landquart nach Davos in Sicherheit, als sie sich mit einer Geschwindigkeit von 30 km/h dem Höhwald nähern. Plötzlich sehen sie, wie die Lawine mit nie gekannter Mächtigkeit auf sie zustürzt. Mit Volldampf versuchen sie, dem Unheil zu entrinnen – vergeblich. Der ganze Zug wird aus dem Gleis geworfen, ein Teil 10 bis 15 m hoch mit Schnee überdeckt, die beiden hintersten Wagen 50 m weit talwärts geschleudert. Fatalerweise springen einige Passagiere aus dem Zug. In den weggeschleuderten Wagen bleiben viele Passagiere unverletzt, andere kommen mit Blessuren davon! Die aus allen Teilen der Landschaft Davos herbeigeeilten Hilfsmannschaften werden durch große Scharen internierter deutscher Soldaten verstärkt. Insgesamt müssen zehn Tote geborgen werden.

Den Drusatscha-Lawinenzug wird man kaum je vollständig sichern können – es sei denn, man verlegte die Bahn in einen Tunnel. Da die Lawine seit diesem Katastrophenereignis nie mehr größere Schäden angerichtet hat, läßt sich eine derartige Investition kaum rechtfertigen. Statt dessen stellt die RhB bei kritischen Lawinensituationen den Bahnbetrieb zwischen Klosters und Davos jeweils ein und läßt Postautos über die weniger gefährdete Kantonsstraße fahren.

Am 18. Juli 1975 wütet im Prättigau ein außergewöhnlich heftiger Gewittersturm. Als der schwach besetzte letzte Abendzug von Landquart nach Davos den Auelikopf unterhalb von Küblis erreicht, geben die Schienen unter der nagelneuen Thyristorlok plötzlich nach, und der gesamte Zug mit allen vier Wagen fährt geradeaus in die hochgehende Landquart. Alle 16 Passagiere bleiben unverletzt und werden vom Zugführer durch den zusammenkuppelt gebliebenen Zug hindurch zum letzten Wagen und von dort aus zum sicheren Ufer gelotst. Der Lokführer hat jedoch keine Möglichkeit mehr, den havarierten Führerstand zu verlassen.

Nach dem Unfall kann nicht mehr geklärt werden, ob das Trassee bereits vor der Durchfahrt des Zuges weggespült worden ist oder ob das lediglich unterspülte Gleis unter dem Gewicht des Zuges eingebrochen ist. Eine Woche nach dem Unfall ist die Strecke wieder durchgehend befahrbar. Doch erst 1978, als an dieser Stelle eine neue Linienführung in Betrieb genommen wird, sind die Wiederherstellungsarbeiten endgültig abgeschlossen. Nach menschlichem Ermessen sollte sich beim Auelikopf ein derartiger Unfall nicht wiederholen können.

Malans, 24. Februar 1993: Vom Prättigau her kommend hat der von der Ge 4/4II 617 „Ilanz" geführte Schnellzug die Bündner Herrschaft erreicht.

Die Strecke Landquart–Davos heute

Trotz mehrerer im Laufe ihrer über hundertjährigen Existenz vorgenommener Trasseekorrekturen weist die bereits 1921 elektrifizierte Strecke Landquart–Davos heute die ungünstigsten Verhältnisse unter allen Stammnetz-Linien der Rhätischen Bahn auf. Besonders die steilen und kurvenreichen Abschnitte oberhalb von Küblis lassen sich mit lokalen Ausbauten nicht korrigieren. Voraussetzung für eine wesentliche Verbesserung wäre ein vollständiger Neubau der Strecke Küblis–Davos Wolfgang. Es hat sich gezeigt, daß dies heute selbst für den im Zusammenhang mit der Vereinabahn aufgewerteten Abschnitt Küblis–Klosters nicht diskutierbar ist.

Trotzdem wickelt die Rhätische Bahn heute auf einer großteils seit über 100 Jahren unveränderten Linienführung einen modernen Schienenverkehr ab. 1890 benötigte jeder der vier täglich von Landquart nach Davos verkehrenden Züge für die Bergfahrt zwischen 190 und 230, für die Talfahrt 154 bis 190 Minuten. Heute verkehrt stündlich in jeder Richtung ein Schnellzug mit Zwischenhalten in Schiers, Küblis, Klosters und Davos Dorf sowie ein Regionalzug mit Halt auf allen Stationen. Ein Schnellzug ist nur noch wenig mehr als eine Stunde lang unterwegs (66 bis 70 Minuten). Im Rahmen der Umsetzung des Konzeptes Bahn und Bus 2000 soll zwischen Schiers und Chur der Regionalzugsfahrplan auf einen Halbstundentakt verdichtet werden. Als Voraussetzung dafür werden vorher die Bahnhöfe Schiers, Landquart, Untervaz und Chur sowie der Streckenabschnitt Malans–Chlus ausgebaut. Eine weitere Steigerung der Streckenbelastung wird die Vereinabahn mit sich bringen, wenn die Züge ins Unterengadin bis Klosters die älteste Strecke der RhB mitbenutzen werden.

Die Ge 6/6I 411 ist 1925 gebaut worden und steht auch heute noch im Dienst der RhB. RhB-intern werden die älteren Elektrolokomotiven, zu denen auch dieses „Krokodil" gehört, kaum je mit der offiziellen Bezeichnung Ge 6/6I angesprochen. Üblich ist vielmehr die Angabe der Achsfolge. Ein „Krokodil" heißt RhB-intern einfach C'C'. Malans, 26. 7. 1993

Linke Seite oben: Bei Malans. Die Ge 4/4I 601 „Albula" (Baujahr 1974, umgebaut 1989) führt einen Regionalzug durch die Frühlingslandschaft (8. 5. 1993).

Linke Seite unten: Dreifachtraktionen sind auf der RhB nicht üblich. Glück deshalb für den Fotografen, als am 4. November 1993 die Ge 4/4II 613 „Domat/Ems", 612 Thusis" und 618 „Bergün/Bravuogn" einen Schnellzug durch die leuchtende Herbstlandschaft ziehen.

Linke Seite: Die Chlus trennt das Prättigau vom Churer Rheintal. Kurz vor der Haltestelle Seewis-Valzeina erreicht der von der Ge 4/4II 611 „Landquart“ geführte Schnellzug das Prättigau. 20. 5. 1993

Oberhalb der Station Saas, wo der bergfahrende Schnellzug eben mit einem Regionalzug gekreuzt hat, beträgt die Steigung 44 Promille. Der markante Saaser Kirchturm gilt weitherum als „hellster Prättigauer“. 31. 10. 1993

Ge 4/4II 621 „Felsberg" zwischen Küblis und Fideris Station.
24. 2. 1993

Rechte Seite: Von Saas geht der Blick hinauf gegen Klosters und die Silvrettagruppe. 25. 1. 1987

Linke Seite oben: Unterhalb von Saas. Die mit engen Kurven (Minimalradius = 100 m) gespickte Strecke verläuft weitgehend in Steigungen von mehr als 40 Promille. Am 4. November 1987 führt die Ge 4/4II 615 „Klosters" einen Regionalzug bergwärts.

Linke Seite unten: Die Ge 6/6I (C'C') 415 führt einen Güterzug mit Personenbeförderung vom Cavadürli hinunter nach Klosters. Die Aufnahme ist am 10. Oktober 1978 oberhalb des Cavadürli-Kehrtunnels entstanden.

In Kürze wird die Ge 4/4II 617 „Ilanz" bei der Station Davos Wolfgang den auf 1626 m über Meer gelegenen höchsten Punkt der Davoser Linie passieren. 22. 10. 1988

Die G 3/4 1 „Rhätia", die älteste Lokomotive der RhB, wurde am 8. Juli 1889 mit der SLM-Fabriknummer 577 in Betrieb gesetzt. Drei Monate später führte sie den Eröffnungszug von Landquart nach Klosters. 1928 wurde sie ausrangiert, als älteste RhB-Lok jedoch für eine Erhaltung als würdig befunden. Zunächst wurde sie in Landquart, später in einem Zürcher Tramdepot und schließlich in einem leerstehenden SBB-Lokschuppen in Vallorbe nahe der französischen Grenze remisiert. Als Leihgabe der SBB, die sich damals irrtümlicherweise als Besitzerin der Lok betrachteten, gelangte die „Rhätia" 1970 zur Museumsbahn Blonay-Chamby am Genfersee, wo sie in vorbildlicher Weise aufgearbeitet und 1972 nach 44jähriger Ruhe wieder angeheizt wurde. Aus Anlaß des bevorstehenden 100. Geburtstages der RhB kam sie wieder zurück zur RhB. Das Bild ist anläßlich einer der ersten Probefahrten auf dem RhB-Netz am 26. Januar 1989 zwischen Igis und Zizers (Strekke Landquart–Chur) entstanden. Der sehr gute Abschluß des Jubiläums erlaubte es dem damaligen Jubiläumsverantwortlichen, die Museumsbahn Blonay-Chamby in sehr großzügiger Weise für ihre wertvolle Arbeit zu entschädigen. Die kleine Lok ist seither im Depot Landquart stationiert.

Kampf der konkurrierenden Projekte

Der Weg bis zur Gründung der Rhätischen Bahn und zum Entscheid, daß der Kanton Graubünden die Federführung für den Bau und den Betrieb seines Schienennetzes selber übernehmen sollte, war sehr steinig. Mehr als einmal beschämte der Ausländer Holsboer mit seiner zielgerichteten Tatkraft die untereinander zerstrittenen Bündner, die sich gegenseitig blockierten. Als Holsboer sein Scaletta-Projekt präsentierte, fanden sich seine Gegner zu einer Kampfgemeinschaft für die „Bündner Centralbahn" zusammen. Kaum war Holsboer im wichtigen Abstimmungskampf um die Gewährung kantonaler Subventionen geschlagen, lag man sich im Centralbahn-Komitee wieder in den Haaren. Der unterlegene Holsboer übernahm erneut die Führung, ebnete den Weg zur Gründung der RhB und ermöglichte den Bau der RhB-Linien von Chur nach Thusis und Landquart. Doch nach einem Einbruch auf den Aktienmärkten war die Finanzierung der jungen RhB gefährdet. Jetzt endlich griff der Kanton Graubünden ein: Am 20. Juni 1897 stimmte das Bündner Volk dem kantonalen Eisenbahngesetz zu, und die RhB wurde zur Bündner Staatsbahn.

Mit dem Fehlgehen der Bemühungen für eine Alpenbahn erleidet Graubünden einen schweren Schlag. Zu Beginn der achtziger Jahre des 19. Jahrhunderts wird man wohl kaum eine andere Gegend finden, wo eine ähnlich reiche Fülle von Eisenbahnprojekten eine derart magere Ausbeute von effektiv realisierten oder im Bau befindlichen Bahnlinien hervorgebracht hat.

Verwirrung...

Obwohl im Gotthard-Tunnel bereits gebohrt wird, geben einige unverzagte Bündner die Hoffnung auf ein Transitbahn durch Graubünden nicht auf. In den siebziger Jahren setzt sich Nationalrat Andreas Planta aus Samedan für eine Triest–Engadin–Chur–Bahn ein, die den Alpenkamm zwischen dem Val Bever und Preda durchstoßen soll. Zur gleichen Zeit wird das Projekt einer Normalspurbahn vorgelegt, die von Chur aus ins bündnerische Rheinwald und in einem Tunnel unter dem Rheinwaldhorn hindurch ins Malvaglia-Tal führt und von dort aus mittels einer 14 km langen Steilrampe mit Zahnstangen-Abschnitten nach Biasca an die Gotthardbahn führt. 1885, ein Jahrzehnt später, wird ein Projekt für eine Schmalspurbahn von Chur über Thusis–Tiefencastel–Oberhalbstein–Septimer–Maloja vorgelegt. Auch diese Linie soll stellenweise mit Zahnstangen ausgerüstet werden. 1895, wiederum zehn Jahre später, tritt der angesehene Industrielle Adolph Guyer-Zeller, späterer Erbauer sowohl der Jungfraubahn wie auch der glücklosen Uerikon-Bauma-Bahn, mit dem kuriosen Projekt einer normalspurigen Albula–Ofen–Orientbahn an die überraschte Bündner Öffentlichkeit.

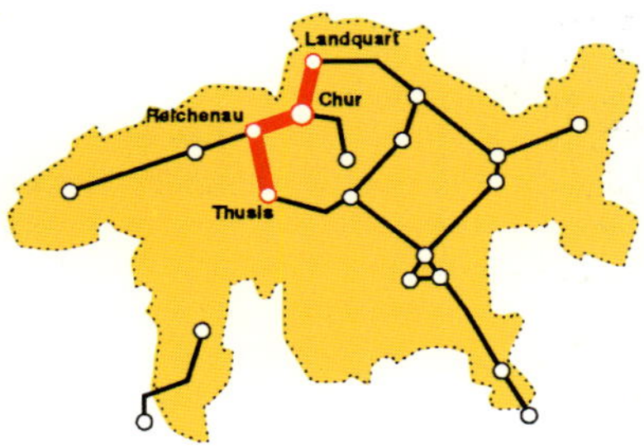

...und Uneinigkeit

Wesentlich größere Erfolgsaussichten haben demgegenüber die Anstrengungen des Thusner Juristen Sebastian Hunger, der es verständlicherweise nicht verwinden kann, daß Thusis seine große Bedeutung als Etappenort im Paßverkehr einzubüßen droht. Zunächst, 1874, regt Hunger den Bau eines kantonalen Sekundärbahnnetzes an, mit welchem eine Reihe wichtiger Orte mit der in Chur endenden Linie der VSB verbunden werden sollen. Im kantonalen Parlament scheitert die Idee jedoch. Einerseits sind viele Parlamentarier nicht bereit, der öffentlichen Hand größere Opfer zugunsten von Bahnbauten zuzumuten und andererseits opponieren auch jene Kreise, die nach wie vor am Ostalpenbahngedanken festhalten. Aus dem Kreis dieser Ostalpenbahn-Befürworter wird 1880 unter der Federführung von Adam Schreiber-Vital eine neue Idee an die Öffentlichkeit getragen, nämlich die Fortsetzung der in Chur endenden VSB-Linie bis Thusis als erste Etappe für eine Splügenbahn. Gegen dieses Projekt wiederum wehrt sich die Stadt Chur, die nicht einfach durchfahren werden möchte.

Die unterschiedlich ausgerichteten Kräftefelder blockieren sich gegenseitig. Jede Interessengruppe versucht, die VSB für ihr jeweiliges Projekt zu gewinnen. Diese müßte eigentlich, so die Überlegung der Bündner, ein vitales Interesse an einer Fortsetzung ihrer in Chur endenden Strecke haben. Doch die VSB verhält sich – wohl mit gutem Grund – völlig ablehnend und passiv.

Die Bündner Centralbahn

In dieser verfahrenen Situation versucht Hunger, die in Graubünden maßgeblichen Personen für eine aus eigener Kraft zu erstellende Normalspurbahn von Chur über Thusis bis an den Fuß des Albulapasses zu gewinnen. Diese erste Etappe der sogenannten Bündner Centralbahn soll entweder bis Filisur oder ins noch etwas weiter südlich gelegene Bellaluna führen. In weiteren Etappen sollen Abzweigstrekken ins Oberland, ins Hinterrheintal, das Oberhalbstein und via Engadin ins Bergell gebaut werden. Auf eigene Kosten läßt Hunger das Projekt soweit detaillieren, daß er 1883 in Bern um die Konzession ersuchen kann.

Doch Hunger hat wiederum kein Glück, und es gelingt ihm nicht, die zerstrittenen Interessengruppen hinter seinem Centralbahn-Projekt zu sammeln. Ausgerechnet aus den Reihen seiner Thusner Mitbürger rekrutieren sich Hungers hartnäckigste Gegner, die hinter dem Centralbahn-Projekt nicht mehr und nicht weniger als den Versuch Churs sehen, eine Verlegung der Kopfstation Chur nach Thusis zu hintertreiben.

Im Bündner Kantonsparlament spielen sich daraufhin unbeschreibliche Szenen ab. Das Centralbahnprojekt, Thusner und Churer Lokalinteressen, Splügenbahn-Interessen und das aus heutiger Sicht ziemlich verwegene Septimerbahn-Projekt werden mittels Gutachten hervorgehoben und mittels Gegengutachten bekämpft. Keine Spur von Einigkeit und von jener Aufbruchstimmung, die zur Erreichung eines großen Zieles erforderlich ist.

1886 läßt Hunger sein Projekt durch Robert Moser, einen der angesehendsten schweizerischen Eisenbahningenieure jener Epoche, in eine Meterspur-Variante umarbeiten. Parallel dazu erstellt Moser ein Rentabilitäts-Gutachten. Endlich, so scheint es, kommt es zum Durchbruch und die Bündner Regierung stellt sich hinter das von Moser überarbeitete Centralbahnprojekt. Einschränkend stellt der Kanton lediglich die Bedingung, daß die Betreiber der Centralbahn im Falle des Baus einer Splügenbahn die Strecke Chur–Thusis entweder an den Kanton oder den Bund übertragen müssen.

Ein unerwartetes Ereignis von großer Bedeutung

Kaum hat sich das Blatt zugunsten von Hungers Centralbahn-Projekt gewendet, überrascht der Davoser Willem Jan Holsboer das Land mit seinem Konzessionsgesuch für eine Meterspurbahn von Landquart nach Davos. Holsboers Projekt hat einen klaren Vorsprung vor dem Centralbahnprojekt: Die Gemeindeinteressen sind harmonisiert und die Finanzierung gesichert. Mehr aus Prestigegründen denn aus zwingender Notwendigkeit will Holsboer, daß seine Konzession vor derjenigen für die Centralbahn ausgestellt wird. Dies gelingt ihm tatsächlich, wobei der Vorsprung schließlich nur vier Tage beträgt.

Holsboers Aktion hat Konsequenzen: Zum einen wird für konzeptionell denkende Köpfe plötzlich sichtbar, daß Davos ebenfalls einen Zugang ins Engadin sucht. Obwohl der schlaue Holsboer seine Scalettabahn-Vision nur im engsten Freundeskreis darstellt, zeichnet sich sofort ein Streit zwischen verschiedenen Linienvarianten ab. Zum anderen zeigt sich jetzt, wie aussichtslos das weitere Festhalten an teuren Normalspurbahn-Projekten ist. Mancher heftige Befürworter solcher Projekte wechselt das Lager und tritt jetzt für bescheidenere, aber realisierbare Bahnprojekte ein.

„Centrum oder Peripherie?"

Chur und Thusis müssen plötzlich befürchten, künftig via Davos umfahren zu werden. Die Centralbahn-Befürworter und das Thusner Komitee, die sich bis vor Kurzem noch heftig bekämpft haben, schließen sich deshalb 1888 in einem Zweckbündnis zusammen. Die Zusammenarbeit beginnt allerdings nicht gerade harmonisch, weil einige Thusner als erste Maßnahme ihren Mitbürger Hunger aus dem fusionierten Komitee werfen wollen. So geht viel Zeit verloren, denn Hunger ist nun einmal Inhaber der Centralbahn-Konzession. Holsboer hingegen handelt: Während in Thusis nur Reibungswärme produziert wird, tritt der Holländer mit seiner Scaletta-Idee an die Öffentlichkeit.

Personenzugkomposition aus der Anfangszeit der Landquart–Davos-Bahn. Einziger Stilbruch ist die „große" Tenderlok G 3/4 14 (Baujahr 1903, heute im Einsatz vor Nostalgiezügen auf dem Netz der Appenzeller Bahnen) anstelle einer „kleinen" Mogul. Die Aufnahme ist 1939 zum 50. Geburtstag der RhB erstellt worden. Damals war keine der fünf ersten G 3/4 verfügbar. Heute ist die Lok „Rhätia" wieder betriebsfähig, dafür sind keine der charakteristischen Flachdach-Personenwagen mehr einsatzfähig. Einzig zwei zu Dienstwagen umgebaute Fahrzeuge befinden sich immer noch im RhB-Bestand. Es bleibt die Hoffnung, daß diese wertvollen Zeugen einer vergangenen Epoche in Anbetracht der hohen Beliebtheit der RhB-Nostalgiezüge wieder zu Personenwagen rückverwandelt werden.

Mitte 1889 stellt er das Projekt einer Bahnverbindung von Davos über Samedan nach Chiavenna vor. Wenig später wird ihm die Konzession für die Strecke Davos–Scaletta–Samedan erteilt.

Die Mitglieder des Centralbahn-Komitees werden dadurch in eine Kampfgemeinschaft getrieben. Es gelingt ihnen, die offizielle Unterstützung der Kantonsregierung zu gewinnen. Auch der einflußreiche bündnerische Ingenieur- und Architektenverein spricht sich für die Centralbahn aus. Als das Centralbahn-Komitee daraufhin beim Kanton ein Subventionsgesuch einreicht, stemmen sich das Prättigau, Davos und das Unterengadin vehement dagegen. In der Presse, in Broschüren, auf Flugblättern und in Versammlungen wird ein leidenschaftlicher Kampf geführt. Die Parolen lauten „Hie Splügen und Centralbahn – hie Scaletta!", „Hie Centrum – hie Peripherie!" und „Rettet den Splügen und den Albula!". Am 24. November 1889 fällt der Entscheid an der Urne. 12 640 Bürger sprechen sich für eine Subventionierung der Centralbahn und damit für den Bau einer Bahn durch das Zentrum Graubündens ins Engadin aus, nur 5338 Stimmberechtigte sind dagegen.

Holsboer, die treibende Kraft

Holsboer, der sich kurz vor der denkwürdigen Abstimmung einbürgern läßt, sucht sogleich die Verständigung. Seine Losung ist einfach: Der Gescheitere gibt nach. Obwohl ihn die Niederlage schmerzt, setzt er sich sogleich für die Schaffung eines einheitlichen, zusammenhängenden und damit durchgehend meterspurigen Bündner Eisenbahnnetzes mit reinem Adhäsionsbetrieb ein. Es muß jetzt endlich gebaut werden. Gleichzeitig sorgt der zielstrebig vorgehende Taktiker dafür, daß ihm im Laufe des Jahres 1890 die wichtigen Konzessionen für die Strekken Samedan–Castasegna/Landesgrenze und Cinuos-chel–Martinsbruck/Landesgrenze übertragen werden.

Im Centralbahn-Komitee sind die internen Streitereien aber immer noch nicht beigelegt. Erst gegen Ende 1890 kommt es endlich zu einer Verständigung zwischen dem Komitee und Hunger, worauf die Konzession gegen Entschädigung an das Komitee übertragen wird. Zur gleichen Zeit wird unter Mithilfe von Holsboer in Basel die Schweizerische Eisenbahnbank gegründet, die in der Folge eine wichtige Rolle bei der Finanzierung der Bündner Bahnen übernimmt. Im November 1890 schließt die Eisenbahnbank mit dem Centralbahn-Komitee einen Vertrag ab, worauf dieses auf seine Konzession für die Strecke Thusis–Filisur verzichtet. Im Namen der Bank bewirbt sich Holsboer hierauf um die Konzession für die Strecke Chur–Thusis, die ihm bereits im Dezember erteilt wird. Wenige Monate später erhält die Bank auch die Konzession für die Strecke Chur–Landquart, der Verbindungslinie zwischen der Davoser Linie und der Centralbahn.

Ebenfalls 1890 wird dem Kantons-Oberingenieur und späteren RhB-Betriebschef Giovanni Gilli die Konzession für die Strecke Filisur–Samedan zugesprochen. Der gebürtige Engadiner gilt als geistiger Urheber der Albulabahn. Als sich das Centralbahn-Komitee auflöst, erwirbt Gilli auch die herrenlos gewordene Konzession für die Teilstrecke Thusis–Filisur.

Gründung der Rhätischen Bahn

Kaum scheinen die Würfel gefallen zu sein, verdüstert sich der Horizont von neuem. 1891 wird die Schweiz von einer Börsenkrise heimgesucht und die Eisenbahnbank sieht sich plötzlich nicht mehr in der Lage, die Finanzierung der Bündner Bahnen zu gewährleisten. Daran ändert sich auch nichts, als der Kanton Graubünden gerichtlich gegen die Bank vorgeht. 1894 kommt es zu einer Verständigung, worauf die Bank ihre Konzessionen an die Schmalspurbahn Landquart-

Davos abtritt. Am 12. Februar 1895 ändert diese ihren Namen und nennt sich neu „Rhätische Bahn", abgekürzt RhB. 1896 wird die Zentralverwaltung von Davos nach Chur verlegt.

Endlich kommt Bewegung ins scheinbar erstarrte System. Das Bündner Volk und die Behörden stimmen darin überein, daß ein Bedürfnis für ein Lokalbahn-Netz besteht und daß schnell gehandelt werden muß. Unter der Federführung von Regierungsrat F. Peterelli wird ein kantonales Eisenbahngesetz erarbeitet, das den Kanton zum Erwerb von Bahnaktien berechtigt. Am 20. Juni 1897 stimmt das Bündner Volk dem Gesetz mit hohem Mehr zu. Mit dem Erwerb eines großen Teils der RhB-Aktien durch den Kanton wird die RhB zur Bündner Staatsbahn.

Die RhB-Strecken Chur–Thusis und Landquart–Chur

Die beiden noch vor der Übernahme durch den Kanton erbauten Strecken Chur–Thusis und Landquart–Chur führen durch recht breite Täler und stellen keine besonders hohen technischen Anforderungen. Lediglich die Überquerung des Hinterrheins bei Reichenau-Tamins erfordert den Bau einer mächtigen Brücke. Beide Strekken sind als typische regionale Erschliessungsbahnen angelegt, weshalb die Stationen möglichst nahe bei den längs der Strecke gelegenen Dörfer angelegt sind. Die Linienführung folgt somit den wichtigsten Ortschaften und weist ein unregelmäßiges Höhenprofil mit einigen markanten Gegensteigungen auf. Beide Strecken werden im Sommer 1896 eröffnet.

Unstimmigkeiten zwischen der Stadt Chur und den Vereinigten Schweizer Bahnen einerseits sowie der RhB andererseits entstehen wegen der Lage des Bahnhofs Chur. Die RhB möchte ihren Bahnhof weit abseits vom bereits bestehenden Normalspur-Bahnhof bauen, um den über Chur hinauslaufenden Verkehr schon in Landquart übernehmen zu können. Eine Einigung kommt nicht zustande, worauf der Bundesrat die RhB zur Erstellung der Gemeinschaftsanlage im VSB- und heutigen SBB-Bahnhof zwingt.

Zwischen Landquart und Thusis bietet die RhB heute einen dichten Regionalzug-Fahrplan an. Die Strecke Chur–Reichenau-Tamins, die auch den ins Oberland verkehrenden Zügen dient, ist seit Ende der fünfziger Jahre doppelspurig. Zwischen Chur und Domat/Ems ist das eine Gleis der Doppelspur als Dreischienengleis ausgeführt. Normalspurige SBB-Lokomotiven führen mehrmals täglich Überfuhrzüge in die Emser Werke, den bedeutendsten Industriebetrieb Graubündens. Zwischen Landquart und Thusis haben sich verschiedene weitere Betriebe angesiedelt, dank denen bedeutende Baumaterial-, Mineralöl-, Lebensmittel- und Holztransporte anfallen.

Der Liechtensteiner Anschluß der RhB

Um 1905 entwickelt ein schweizerisch/liechtensteinisches Initiativkomitee ein Projekt für eine an die RhB anschließende Fortsetzungsstrecke von Landquart über Maienfeld nach Bad Ragaz mit einer Abzweigung von Maienfeld über liechtensteinisches Gebiet nach Schaan. Die RhB steht dem Projekt positiv gegenüber. Direktor Achilles Schucan meint gegenüber den Initiatoren, er könne sich durchaus vorstellen, daß die RhB die Strecke übernehmen und betreiben würde. Für die liechtensteinische Teilstrecke sei auch eine Übernahme im Pachtverhältnis denkbar. Unerwarteterweise, dafür aber umso heftiger opponieren die SBB gegen das Meterspurprojekt. Offenbar befürchtet die Staatsbahn eine Konkurrenz für ihre Strecke Chur–Sargans–Buchs SG, der Zufahrt Graubündens zur österreichischen Arlbergbahn. Die schweizerisch/liechtensteinische Meterspurbahn wird in der Folge nicht gebaut, obwohl das Projekt bis in die zwanziger Jahre hinein mehrmals wieder aufgegriffen wird.

Die RhB-Hauptwerkstätte in Landquart ist in der Lage, umfangreiche Fahrzeugrevisionen, Umbauten und sogar Neubauten auszuführen. Sie ist heute sehr modern eingerichtet. Die beiden Bilder entführen uns zurück in die dreißiger Jahre und zeigen den Ein- und Ausbau von Motoren bei einer Ge 6/6I (C'C') und bei der Ge 4/6 (1'D1') 301.

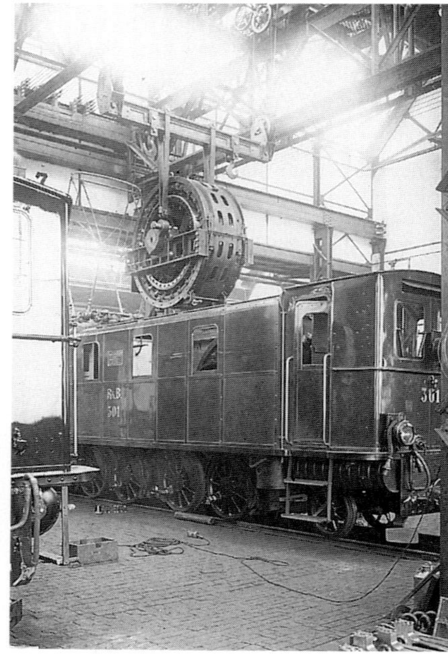

Revision der Ge 6/6I (C'C') 412. Am 13. Dezember 1988 wird der Mittelteil wieder mit Drehgestellen und Vorbauten vereint.

Stelldichein vor der Rondelle des Depots Landquart: Am 14. September 1974 stellen sich gleich vier Veteranen dem Fotografen, nämlich die Ge 6/6I (C'C') 408 (Baujahr 1922, ausrangiert 1984), die G 4/5 108 (Baujahr 1906, immer noch betriebsfähig auf der RhB), die G 3/4 11 (Baujahr 1903, 1977 verkauft ins Berner Oberland, dort immer noch betriebsfähig) und die Ge 4/6 (1'D1') 355 (Baujahr 1914, ausrangiert 1984).

402

Linke Seite oben: Vor der Kulisse des Falknis und des Vilan rollen die Ge 4/4I 607 „Surselva" und 605 „Silvretta" von Igis nach Zizers. Am 21. September 1986 befanden sich beide Lokomotiven noch im Ablieferungszustand. Zwischen 1986 und 1991 sind alle 10 Ge 4/4I umgebaut worden und haben neue Führerstände erhalten.

Linke Seite unten: Das kleine Stationsgebäude von Igis ist weitgehend im Ursprungszustand von 1896 erhalten geblieben. Am 30. Mai 1978 ist die Ge 6/6I (C'C') 402 (Baujahr 1921, ausrangiert 1984, heute Ausstellungsobjekt im Verkehrshaus Luzern) mit einem Güterzug unterwegs.

Regionalzug von Chur nach Landquart bei Zizers. Im Johannesstift, dem über dem Steuerwagen sichtbaren Salisschloß, lebte bis zu ihrem Tod anfangs 1989 die letzte Kaiserin von Österreich-Ungarn.

Die 1973 abgelieferten Ge 4/4II 611–620 fuhren rund 15 Jahre lang in einem grünen Anstrich. Vor der Kulisse des Calanda-Massivs bewältigen die Ge 4/4II 615 „Klosters“ und 618 „Bergün/Bravuogn“ in Vielfachsteuerung die Steigung von Reichenau-Tamins hinauf nach Bonaduz. 14. 9. 1974

Rechte Seite: Zwischen Rothenbrunnen und Rodels-Realta verläuft das Bahntrassee auf der Dammkrone des Hinterrheins. Über dem Zug erhebt sich Schloß Ortenstein, das Wahrzeichen des rechts des Rheins gelegenen Domleschg. Die Kirche oben gehört zum Dorf Tumegl/Tomils. 5. 11. 1988

Linke Seite oben: Nostalgie und Romantik – bei der RhB kein leeres Versprechen! Die Salonwagen der RhB erleben seit den siebziger Jahren eine großartige Renaissance und entpuppen sich als Geheimtip für alle Freunde gepflegter Nostalgie. Am 22. Mai 1988 führt die Ge 6/6I (C'C') 414 einen gleich aus allen sechs RhB-Salonwagen gebildeten Extrazug am Schloß Ortenstein vorbei.

Linke Seite unten: Die Ge 6/6II 704 „Davos" und die Ge 4/4I 601 „Albula" führen gemeinsam einen Schnellzug von Thusis nach Cazis. Im Hintergrund liegt die Ortschaft Fürstenaubruck. 27. 6. 1986

Am frühen Morgen des 27. Oktober 1993 rollt die Ge 6/6II 705 „Pontresina/Puntraschigna" in Cazis am Dominikanerinnen-Kloster St. Peter und Paul vorbei.

Die Albulabahn

Es hat viel Zeit und Kraft gebraucht, bis die RhB endlich den Bau der sogenannten „Prioritätslinien", nämlich der Bahnen ins Engadin und nach Ilanz, in Angriff nehmen konnte. Unter der Leitung von Fritz Hennings wurde in Chur das Baubüro eingerichtet. Nach der außerordentlich kurzen Zeit von nur fünf Jahren für die gesamte Detailprojektierung, Plangenehmigung und Bauausführung konnte die 60 km lange Linie von Thusis bis Celerina bereits im Sommer 1903 eröffnet werden. Die durch den höchstgelegenen Scheiteltunnel in den Alpen führende Albulabahn ist bis heute die Paradestrecke der RhB geblieben. Strecke, Stationen, Sicherungsanlagen und Energieversorgung sind ständig den jeweils neusten Anforderungen angepaßt worden. Die Linie, obwohl meterspurig und im Gebirge gelegen, gehört heute zu den dichtestbefahrenen Einspurbahnen der Welt.

Kaum scheint die Realisierung eines bündnerischen Meterspurnetzes gesichert, ist das Werk wegen unerwarteter Schwierigkeiten der Schweizerischen Eisenbahnbank schon wieder gefährdet. In dieser Situation übernimmt der Kanton Graubünden endlich eine Führungsrolle: 1897 heißt das Bündnervolk mit 9325 gegen 2455 Stimmen das kantonale Eisenbahngesetz gut, worauf der Kanton 5000 der insgesamt 5500 Aktien der aus der Schmalspurbahn Landquart–Davos hervorgegangenen Rhätischen Bahn übernimmt. Am 1. Juli 1897 wird die RhB, die zu diesem Zeitpunkt die Linien Landquart–Davos und Landquart–Chur–Thusis betreibt, zur Bündner Staatsbahn.

Holsboers letzte Tat

In Davos zeichnet Willem Jan Holsboer wiederum den Weg vor, indem er sich mit seiner ganzen Tatkraft hinter die Idee stellt, möglichst sofort und gleichzeitig die sogenannten Prioritätslinien zu bauen. Es sind dies die beiden Strecken von Thusis ins Engadin und von Reichenau nach Ilanz. Die Niederlage seines Scalettaprojektes schmerzt ihn zwar immer noch. Mit bewundernswürdiger Größe schlägt er jetzt aber vor, die Wahl der immer noch nicht definitiv festgelegten Linienführung der Bahn ins Engadin dem Bündnervolk zu überlassen. Holsboer drängt zur Eile: „Vermag das Bündner Volk nicht, in allernächster Zeit einen großen, einmütigen Entschluß zu fassen, so wird es keine Eisenbahn erhalten. Die Opfer, die man wird bringen müssen, sind in Wahrheit keine Opfer, denn sie werden sich reichlich lohnen, sie werden den Wohlstand der Gemeinden heben, sie werden die wirtschaftliche Zukunft unseres Kantons für geraume Zeit sichern. Alt Fry Rhätien, wach auf!" Der Entscheid, das weiß Holsboer, wird zwischen der Albula- oder der Juliervariante fallen.

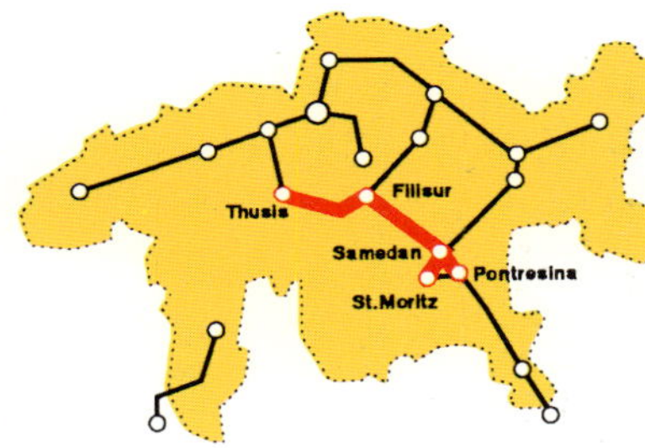

Am 8. Juni 1898 stirbt Holsboer im Alter von 64 Jahren an einem Schlaganfall. Das Bündnervolk und die Rhätische Bahn verlieren mit ihm jene schöpferische Persönlichkeit, der wie keiner zweiten das Zustandekommen des Bündner Schienennetzes zu verdanken ist. Dieser zielstrebige und umsetzungsorientierte Mann war weder technisch, noch ökonomisch, noch juristisch geschult. Trotzdem hat er es verstanden, Staatsmännern den Weg zu ebnen und den Ingenieuren klare Ziele vorzugeben.

Am 6. April 1974 überqueren die beiden aus dem Jahr 1914 stammenden Ge 4/6 (1'D1') 354 und 355 das Stulsertobel (Streckenabschnitt Filisur–Bergün/Bravuogn). Die Lokomotiven sind 1982 bzw. 1984 ausrangiert worden.

Albula oder Julier?

Die Entwicklung des bündnerischen Eisenbahnnetzes erfolgt jetzt relativ rasch. Zwei Wochen nach der Übernahme der RhB durch den Kanton wird eine prominent zusammengesetzte Baukommission gebildet. Parallel dazu bemühen sich die kantonalen Behörden um die Gewährung von Bundessubventionen. Mitte 1898 kommt gute Kunde aus Bern: Die schweizerische Bundesversammlung stellt sich einstimmig hinter das Begehren der Bündner Regierung. Die Finanzierung der beiden Prioritätslinien ins Engadin und nach Ilanz ist gesichert.

Die Baukommission der RhB hat in der Zwischenzeit Robert Moser verpflichtet, den wohl bedeutendsten schweizerischen Eisenbahningenieur des 19. Jahrhunderts. Zuerst befaßt sich Moser mit der Grundsatzfrage, ob eine Julier- oder eine Albulabahn zu bevorzugen sei. Von früheren Tätigkeiten her kennt er die Albulaprojekte bereits sehr gut: Das Projekt des Centralbahn-Komitees für eine Linie Chur–Thusis–Filisur aus dem Jahr 1886 stammt aus seiner Feder, wobei er damals die schließlich realisierte Streckenführung in weiten Teilen vorgezeichnet hat. Ebenfalls für das Centralbahn-Komitee hat er sich 1891 mit einer Albulabahn befaßt. Deshalb konzentriert er sich zunächst auf das Julierprojekt.

Noch im Laufe des Jahres 1897 gibt Moser seine Empfehlung ab: Klar und konsequent spricht er sich zugunsten der Albulabahn aus. Die Autorität dieses Mannes ist dermaßen unbestritten und der Handlungsbedarf derart groß, daß Mosers Vorschlag am 29. November 1897 ohne weiteres Lamento akzeptiert wird. Am gleichen Tag beschließt die RhB, die im Besitz von Kantons-Oberingenieur Giovanni Gilli befindlichen Albula- und Malojabahn-Konzessionen mit allen zugehörigen Rechten zu erwerben.

Vom Bau der Albulabahn

Das ursprüngliche Centralbahn-Projekt sieht oberhalb von Filisur Maximalsteigungen bis 45 Promille vor. Bereits im Dezember 1897 beginnt Moser mit der Erarbeitung einer neuen Projektvariante, die mit Maximalsteigungen von lediglich 35 Promille auskommt. Gleichzeitig erarbeitet die Firma Philipp Holzmann & Cie in Frankfurt am Main, seinerzeit Erbauerin der Linie Landquart–Davos, eine Variante mit 25 Promille Maximalsteigung. Die RhB entscheidet sich in der Folge für eine Variante, die mit Maximalsteigungen von 25 Promille bis Filisur und von 35 Promille oberhalb dieser Station auskommt.

Unmittelbar nach der Zusicherung von Bundessubventionen nimmt im Juli 1898 das für die Albulabahn zuständige Baubüro seine Tätigkeit auf. Oberingenieur wird Fritz Hennings aus Kiel, der 1861 in Zürich sein Ingenieurdiplom erworben hat. Stellvertreter Hennings ist Giovanni Gilli, vormaliger Besitzer der Albulabahn-Konzession. Die Aufgabe des Baubüros ist äußerst ehrgeizig: Eine knapp 62 km lange Bahnlinie, deren Linienführung noch keineswegs endgültig festgelegt ist, ist innerhalb von fünf Jahren in schwierigstem Gelände zu bauen. Die Linie soll zur Sommersaison 1903 hin eröffnet werden.

Hennings beginnt sogleich mit der Ausarbeitung der Details. Vor Ort bestimmt er die Achse des Albula-Tunnels, um noch vor dem Wintereinbruch mit den Bauarbeiten an diesem größten und teuersten Einzelobjekt der Strecke beginnen zu können. Bereits im Oktober 1898 beginnen die Vorarbeiten für den Tunnelbau.

Besonders in der Schynschlucht sowie zwischen Filisur und dem Bergünerstein müssen vielerorts zuerst Fußwege in schwer zugängliche Geländepartien gebaut werden. Die schwierigen Bedingungen führen während des Baus immer wieder zu Überraschungen. So kommt es öfter vor, daß Kunstbauten in Angriff genommen werden, ohne daß bekannt wäre, wo ungefähr der zur Abstützung der Fundamente erforderliche feste Fels gefunden wird.

Zwischen Filisur und Stugl/Stuls sowie zwischen Bergün/Bravuogn und Preda läßt sich die Maximalsteigung von 35 Promille nur bei Einschaltung künstlicher Linienentwicklungen einhalten. Anstelle der von Moser oberhalb von Filisur geplanten doppelten Kehrschleife führt Hennings das Trassee durch den Greifenstein-Kehrtunnel. Zwischen Muot und Preda verzichtet er auf den Bau der von Moser vorgeschlagenen Doppelschleife von Sagliaz, da diese mehrmals einen gefährlichen Lawinenzug kreuzt. Stattdessen entwickelt er das Trassee quer zur Talrichtung: Auf kurzer Distanz führt er das Gleis vier Mal über die Albula und verbindet diese Viadukte mit drei Kehrtunnels. Der Toua- und der Zuondra-Kehrtunnel liegen dabei fast übereinander.

Am 23. April 1899 legt Hennings der RhB-Direktion das endgültig bereinigte Bauprojekt für die Strecke bis Celerina vor. Wegen Differenzen mit der Gemeinde ist die Lage des Bahnhofs St. Moritz noch nicht festgelegt. Dieser Streit wird erst 1901 beigelegt.

Währenddessen schreiten die Bauarbeiten zügig voran. Zeitweise werden über 5000 Arbeiter gleichzeitig beschäftigt, davon rund 800 Leute allein auf den beiden Seiten des Albula-Tunnels.

Wo immer möglich erstellt Hennings die Brücken aus Stein, wobei die Abmessungen der Bauwerke normiert sind. Hierbei leistet er wegweisende Arbeit: Die von Hennings für die Albulabahn festgelegten Normalien werden später auch auf mehreren anderen Bahnen angewandt.

Einzig die Hinterrhein-Brücke bei Thusis mit der beachtlichen Spannweite von 81,9 m wird aus Eisen gebaut. In der engen Schynschlucht, wo sich in dichter Folge Brücken und Tunnels abwechseln, wird der Bau des an unzugänglicher Stelle stehenden Muttnertobel-Viaduktes zu einer besonderen Herausforderung. Die über das tief eingeschnittene Tobel führende Brücke weist nach dem Soliser-Viadukt das am weitesten gespannte Steingewölbe aller Brücken der Albulabahn auf. Bei der Lochtobel-Brücke kann der feste Fels erst in einer Tiefe von 14 m gefunden werden. Der oberhalb der einsam gelegenen Station Solis stehende Soliser-Viadukt wird 90 m hoch und ist damit die höchste Brücke der Rhätischen Bahn. Für ihre Konstruktion zeichnet der kaum der Hochschule entwachsene Hans Studer verantwortlich, der später weltberühmt gewordene Robert Maillart begleitet das Projekt, und schließlich wird der Viadukt auf einem unsagbar kühnen Lehrgerüst erbaut, das unter der Leitung des Bündner Naturtalentes Richard Coray entsteht.

Die bekannteste Partie der Albulabahn befindet sich unterhalb von Filisur, wo die Linie ins Landwassertal einfährt, um in einem 180-Grad-Bogen wieder ins Albulatal zurückzukehren. Die Hälfte dieses Bogens verläuft auf dem 130 m langen und 61 m hohen Landwasser-Viadukt, die andere Hälfte im anschließenden Landwasser-Tunnel. Der Viadukt weist mit einem Volumen von 9200 Kubikmetern die größte Mauerwerkskubatur aller Bauten der Albulabahn auf. Er ist direkt an eine senkrechte Felswand angebaut, durch die der Landwasser-Tunnel gebohrt wird.

Beim oberhalb von Filisur gelegenen Greifenstein-Kehrtunnel ereignet sich am 9. August 1901 ein schweres Unglück, als das Tunnelgerüst einstürzt und mehrere Arbeiter unter sich begräbt. Bei diesem schwersten Unfall während des Baus der Albulalinie kommen acht Arbeiter ums Leben.

Für den Vortrieb im 5865 m langen Albula-Tunnel zwischen Preda und Spinas werden mit Druckwasser arbeitende Bohrmaschinen „System Brandt" eingesetzt. Vorgängig müssen auf beiden Seiten die Wasserkräfte ausgebaut werden. Wegen massiver Wassereinbrüche kommen die

Arbeiten im Nordstollen in der zweiten Hälfte des Jahres 1900 kaum mehr voran. Während 15 Monaten kann im schwimmenden Gebirge praktisch nur noch von Hand gearbeitet werden. Auf der Südseite bricht am 19. November 1899 bei Tunnelmeter 108 das Gewölbe ein, wobei sich an der Erdoberfläche ein 25 m tiefer Einbruchtrichter bildet. Die für den Tunnelbau eingesetzte Baufirma kommt derart unter Druck, daß die RhB die Bauleitung schließlich selber übernimmt. Am 29. Mai 1902 wird der Tunnel durchschlagen und am 15. April 1903 sind die Gleise durch den Tunnel verlegt.

Eröffnung

Am 27. Juni 1903 fährt der erste Reisezug von Chur nach Samedan. Vier Tage später, am 1. Juli, wird die Albulabahn bis Celerina in Anwesenheit von vier Bundesräten eröffnet. Wegen des Streits um die Lage des Bahnhofs St.Moritz wird das Teilstück von Celerina bis St.Moritz erst ein Jahr später fertig.

Wenige Monate nach der Eröffnung des Bahnbetriebs kommt unterhalb der Station Bergün/Bravuogn ein Hang ins Rutschen und gefährdet die Bahnlinie. Um für alle Zeiten eine Gefährdung des Zugverkehrs auszuschalten, wird 1904 in der extrem kurzen Bauzeit von nur 124 Tagen der 333 m lange Glatscheras-Tunnel unter der Gefahrenstelle hindurch gebohrt. Das ursprüngliche Trassee ist heute noch recht gut zu erkennen. Kurios an dieser Angelegenheit ist die Tatsache, daß sich die Rutschzone unmittelbar nach der Inbetriebnahme des neuen Tunnels beruhigt hat und seither keine Probleme mehr bereitet.

Die Seitenlinie von Samedan nach Pontresina

Kurz vor der Eröffnung der Albulalinie beschließt die RhB im Mai 1903, eine Projektstudie für den Bau von Verbindungsstrecken sowohl von Samedan wie von St.Moritz nach Pontresina erarbeiten zu lassen. Damit will sich die RhB den Anschluß der wichtigen Oberengadiner Ortschaft Pontresina gegen die divergierenden Interessen der Berninabahn sichern. Noch während die Projektierungsarbeiten bei der RhB im Gang sind, ersucht die konkurrierende BB um die Erteilung einer Berninabahn-Konzession für die Strecke Samedan–Pontresina–Campocologno/Landesgrenze. Doch die Finanzierung der Berninabahn ist noch nicht gesichert. Die RhB nutzt die Situation und macht mächtig Druck, um sich den Anschluß von Pontresina nicht entgehen zu lassen. 1904 kommt es zu einer Einigung zwischen den Kontrahenten, wonach die RhB die rund 5 km lange Strecke von Samedan nach Pontresina baut und die Berninabahn ihre Linie von Pontresina aus nach St.Moritz weiterzieht.

Unter der Oberbauleitung von Giovanni Gilli erfolgen in der zweiten Hälfte des Jahres 1905 die Geländeaufnahmen. Am 1. Juli 1908, nicht einmal drei Jahre später, wird das kurze Streckenstück eröffnet.

Die Albulabahn im Lauf der Zeit

Die Eröffnung der Albulabahn führt zu einem großen Verkehrsanstieg, weshalb die RhB bereits nach kurzer Zeit zusätzliches Rollmaterial benötigt. 1911 beschafft sie speziell für den Einsatz auf der Albulalinie die ersten vierachsigen Personenwagen. Im gleichen Jahr verkehrt erstmals der legendäre Engadin-Express, ein Erstklass-Schnellzug von Chur ins Engadin als Fortsetzung des gleichnamigen Zuges aus London.

Der Betrieb auf den langen Steilrampen stellt völlig neuartige Anforderungen an das Fahrpersonal. Vielen Lokführern bereitet die Erzeugung einer ausreichenden

Dampfmenge große Mühe. Ab 1904 verpflichtet die RhB deshalb einen erfahrenen Oberlokführer der Gotthardbahn, der in der Folge die Instruktion des RhB-Maschinenpersonals übernimmt. Die Situation verbessert sich nachhaltig, als anstelle der tückischen Mallet-Lokomotiven die neuen Consolidation-Schlepptenderlokomotiven in Betrieb genommen werden.

Weiterhin gefürchtet bis zur Ablösung der Dampflokomotiven durch die elektrischen Maschinen bleiben vor allem die Kehrtunnels zwischen Filisur und Preda. Dort bilden die Rauchgase auf den Schienenlaufflächen eine schmierige Schicht und reduzieren die Adhäsion je nach Umständen ganz erheblich. Es kommt vor, daß sich bergwärts fahrende Züge in den Tunnels rückwärts zu bewegen beginnen und am unteren Tunnelportal wieder ans Tageslicht kommen. In den mit Rauch und Dampf angefüllten Tunnels kann der Heizer die Fahrtrichtung oft nur dadurch feststellen, daß er einen Besen gegen die Tunnelwand preßt.

Aufgrund der insgesamt guten Erfahrungen mit dem elektrischen Versuchsbetrieb im Engadin, wegen der Kohlenknappheit während des Ersten Weltkrieges und der anschließenden Kohlenverteuerung beschließt die RhB, die Elektrifizierung raschestmöglich voranzutreiben. In erster Priorität wird die Albulalinie elektrifiziert. Bereits 1921 verkehren die elektrischen Lokomotiven von St.Moritz durchgehend bis Chur. Kurzzeitig besteht allerdings noch ein Mangel an elektrischen Triebfahrzeugen, weshalb der Lokalverkehr während einiger Monate weiterhin mit Dampflokomotiven geführt wird.

Ende der zwanziger Jahre beschafft die RhB die bekannten schweren Stahlwagen, die wegen ihrer genieteten Bauweise vom Personal „die Genagelten" genannt werden. Diese zunächst vorwiegend auf der Albulalinie eingesetzten Fahrzeuge geben den Schnellzügen ein vollbahnmäßiges Aussehen. Gleichzeitig wird, wie auf der benachbarten Berninabahn, auch auf der Albulalinie ein Speisewagenbetrieb durch die deutsche MITROPA aufgenommen. Einen weiteren Qualitätssprung bedeutet zehn Jahre später die Inbetriebnahme von Leichtstahl-Personentriebzügen, die unter dem Namen „Fliegender Rätier" auf den RhB-Hauptlinien verkehren. Ende der vierziger Jahre, nach weiteren zehn Jahren, erscheinen auf der Albulalinie die ersten aus neuen Leichtbaulokomotiven und Leichtstahlwagen formierten Schnellzüge.

Bedingt durch den vor allem auf der Albulalinie erfreulichen Verkehrsanstieg und wegen der zunehmenden Alterung des Rollmaterials beginnt in den fünfziger Jahren die bisher größte, bis heute nicht abgeschlossene Erneuerungsaktion. Heute dominieren im RhB-Rollmaterialpark thyristorgesteuerte Lokomotiven, zeitgemäße Reisezugwagen der verschiedenen Einheitswagen-Generationen und ein stark mit modernen Vierachswagen durchsetzter Güterwagenpark.

In den fünfziger Jahren beginnt die RhB mit großen Investitionen in die Sicherungsanlagen. Zwischen 1952 und 1969 wird die gesamte Albulalinie mit dem Streckenblock ausgerüstet. Von Filisur und Samedan aus lassen sich heute sämtliche Kreuzungsstellen an der Albulalinie fernsteuern.

In den nächsten Jahren will die RhB drei Abschnitte der Albulalinie auf Doppelspur ausbauen. Die Strecke Chur–St. Moritz soll dadurch in fünf Teilstrecken unterteilt werden, die in je knapp 30 Minuten durchfahren werden können. Die stündlich verkehrenden Züge werden sich dann jeweils auf einem Doppelspurabschnitt kreuzen, was besonders bei den in Spitzenverkehrszeiten häufigen Doppel- oder Dreifachführungen der Pünktlichkeit der Züge zugute kommt. Die Doppelspurinseln sind zwischen Thusis und Sils, vom Bahnhof Filisur aus südwärts bis zum unteren Portal des Greifenstein-Kehrtunnels und von der Höhe des Weilers Naz aus in die Station Preda geplant.

Die letzten der insgesamt 12 zwischen 1891 und 1902 in verschiedenen Serien beschafften Malletlokomotiven haben bereits 1926 Graubünden verlassen. Leider ist keine dieser interessanten Maschinen erhalten geblieben. Gleich zwei „Mallets" sind diesem bergwärts fahrenden Reisezug vorgespannt. Oberhalb der Station Preda erhebt sich der Piz Rugnux.

Rechte Seite oben: Die ersten G 4/5-Schlepptenderlokomotiven wurden 1904, ein Jahr nach der Eröffnung der Albulalinie, abgeliefert. Bis 1915 wurden 29 Lokomotiven in verschiedenen Unterserien beschafft. Die Aufnahme ist zwischen Muot und Preda entstanden.

Rechte Seite unten: Eine „Mallet" ist, talwärts fahrend, vor einem mit Güterwagen ausgelasteten Personenzug in Bergün/Bravuogn eingetroffen.

Alle drei Aufnahmen dieser Doppelseite sind kurz nach der Betriebsaufnahme auf der Albulalinie entstanden.

602
SOLIS

Tiefencastel liegt am Schnittpunkt der beiden Achsen Lenzerheide–Julier und Schyn–Albula. Markantes Wahrzeichen des Ortes ist die 1652 erbaute barocke Kirche St.Stefan. Am 10. Juli 1988 wird der Bernina-Express von einer Ge 6/6II geführt.

Seite 48: Die fabrikneue Ge 4/4III 646 „Sils Maria Val Mustair" überquert auf einer ihrer ersten Fahrten den weltbekannten Landwasser-Viadukt. 12. 7. 1994

Seite 49: Herbststimmung beim Landwasser-Viadukt. 23. 10. 1989

Linke Seite oben: Die Ge 4/4I 602 „Bernina" führt einen Entlastungszug ins Engadin. An Spitzenverkehrstagen kommt es immer wieder vor, daß Salonwagen in normalen Schnellzügen mitlaufen. 11. 2. 1984

Linke Seite unten: Ge 6/6II 702 „Curia" bei Alvaneu. 25. 2. 1993

Das in insgesamt 15 Exemplaren beschaffte „Krokodil" ist seiner Form wegen die beliebteste und bekannteste RhB-Lokomotive. Heute sind noch vier „Krokodile" einsatzfähig.

Oben: Die Ge 6/6I (C'C') 408 (Baujahr 1922, ausrangiert 1984) führt einen Schlittelzug. Die anfangs der achtziger Jahre an eine deutsche Museumsbahn verkauften Zweiachswagen dieses Zuges stammen von der ehemaligen Berninabahn. Im Winter wird die für den Straßenverkehr geschlossene Albulapaßstraße zwischen Preda und Bergün jeweils in eine Schlittenbahn verwandelt, wobei die RhB die Bergwärts-Beförderung der Schlittler besorgt. 3. 3. 1979

Unten: Die Ge 6/6I (C'C') 409 (Baujahr 1922, ausrangiert 1984) verläßt den Glatscheras-Tunnel unterhalb von Bergün/Bravuogn. 15. 8. 1978

Zwischen Preda und Bergün/Bravuogn bieten sich vom Bahnlehrpfad aus viele spektakuläre Blicke auf die Albulalinie. Weit über der schäumenden Albula stampft die Ge 6/6I (C'C') 412 bergwärts. 24. 5. 1989

Rhätische Bahn
Rhätische Bahn

Beide Bilder auf dieser Doppelseite sind vom Bahnlehrpfad aus aufgenommen worden: Die Ge 4/4II 633 „Zuoz" überquert den zwischen Muot und Preda gelegenen Punt'Ota. 10. 7. 1988

Trotz Meterspur spielt der Güterverkehr auf der RhB eine wichtige Rolle. Jedes Jahr werden zwischen 50 und 60 Millionen Tonnenkilometer produziert. Am 23. Oktober 1989 zieht die Ge 6/6II 707 „Scuol" einen Güterzug ins Engadin. Die Aufnahme ist vor der Kulisse des Piz Rugnux bei Naz unterhalb von Preda entstanden. Die RhB plant, von hier aus bis in die Station Preda eine Doppelspurinsel zu bauen.

PREDA
703

1903
415

Oben: Die Ge 6/6II 706 „Disentis/Mustér" ist bei Bever ins gleichnamige Engadiner Seitental eingebogen und strebt dem Albula-Tunnel zu. 26. 10. 1989

Linke Seite: Beidseits des 5865 m langen Albula-Tunnels befinden sich Kreuzungsstationen.

Links oben: Die Ge 6/6II 703 „St. Moritz" hat in Preda den Albula-Tunnel verlassen.

Links unten: Über dem schlichten Tunnelportal in Spinas erinnert die Jahreszahl 1903 an die Eröffnung der Albulalinie. 19. 10. 1979

Seiten 56/57: Vor dem Hintergrund der Berninagruppe führen die Ge 4/4I 603 „Badus" und Ge 6/6I 701 „Raetia" einen Entlastungszug durch die Oberengadiner Hochebene. Zwischen Samedan und Bever, 13. 2. 1988

Seite 57 (eingeklinktes Foto): Dieser Zug wird in Kürze in Celerina eintreffen. Rechts neben der Lok sind Teile des Oberengadiner Bezirkshauptortes Samedan zu erkennen. 13. 2. 1988

Auf einer ihrer letzten Fahrten in eigener Kraft führte die im Jahr 1913 abgelieferte Ge 2/4 (1'B1') 207 am 26. Mai 1974 einen Extrazug von Samedan nach Pontresina. Die weitgehend im Ursprungszustand verbliebene Lok wurde kurz danach ausrangiert. Sie ist heute im Verkehrshaus Luzern ausgestellt. Die Aufnahme ist bei Punt Muragl entstanden.

Rechts oben: Auch der mechanische Teil der Ge 2/4 (1'B1') 221 stammt aus dem Jahr 1913. Im Hinblick auf Einsätze als Vorspann- und Schiebelok auf der Albulalinie wurde der elektrische Teil der Lok im Jahr 1945 umfassend erneuert. Auch heute noch wird die kleine Maschine im Rangierdienst eingesetzt. Am 6. August 1980 verschiebt sie einige Kieswagen von Samedan in Richtung Punt Muragl.

Rechts unten: Das Bild des Ferienortes Pontresina wird von einer eindrücklichen Hotelkulisse geprägt. Soeben hat der ABe 4/4 502, einst als Triebwagen für die Leichtschnellzüge „Fliegende Rätier" beschafft, vor einem Regionalzug nach Samedan den Bahnhof von Pontresina verlassen. Wer würde auf Anhieb drauf kommen, daß dieser immer noch recht modern wirkende Triebwagen bereits im Jahr 1939 gebaut worden ist. 20. 10. 1979

VALSER

Durch die Ruinaulta in die Surselva

Die RhB-Strecke von Reichenau-Tamins nach Ilanz führt mitten durch die Ruinaulta, die einzigartige Schlucht des Vorderrheins. Das recht kurze Streckenstück durch den „schweizerischen Grand Canyon" wurde zur gleichen Zeit wie die Albulabahn als zweite der beiden sogenannten Prioritätslinien erbaut. Die Fahrt durch die Rheinschlucht ist von einzigartiger Faszination und von besonderem Reiz. Die einmalige Landschaft zwischen Reichenau und Ilanz gibt dieser Strecke ein ganz besonderes Gepräge und begeistert die Gäste des Glacier Express jeden Tag von Neuem.

Mitte 1898 spricht sich die schweizerische Bundesversammlung für die Subventionierung der beiden Prioritätslinien der Rhätischen Bahn aus. Der Bau der Linien ins Engadin und nach Ilanz kann in Angriff genommen werden.

Auch der Bau einer Bahnverbindung nach Ilanz, zugleich Hauptort der Surselva (romanische Bezeichnung des Bündner Oberlandes) und höchstgelegene Stadt am Rhein, ist bereits zu früheren Zeiten studiert worden. Eine Konzession für die Strecke Reichenau–Ilanz befindet sich bereits im Besitz des Ingenieurs F. Marchion aus Valendas. In einem ersten Schritt erwirbt die RhB diese Konzession, entschädigt Marchion und beauftragt Robert Moser mit der Bewertung zusätzlicher Linienvarianten.

Schwierige Variantenwahl

Soll die Bahn mitten durch die noch völlig unerschlossene Rheinschlucht hindurch oder wie die bereits bestehenden Straßenverbindungen in großer Höhe den Flanken der Schlucht entlang gebaut werden? Zwischen Castrisch und Reichenau verläuft der Rhein durch die bizarre Landschaft der Rheinschlucht, romanisch Ruinaulta. In prähistorischer Zeit hat hier ein riesiger Felssturz ein Gebiet von mehr als zehn Quadratkilometer überdeckt. Durch diese Gesteinsmassen hat sich der Rhein ein neues Bett gefressen. Heute verläuft der Fluß durch einen tiefen und nur schwer zugänglichen Graben.

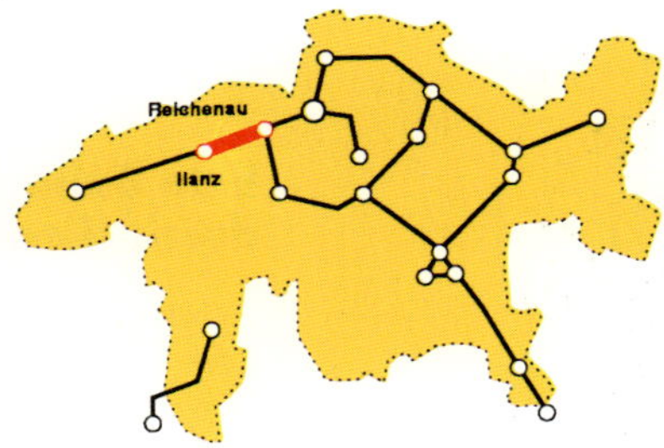

Moser erarbeitet vier Linienvarianten. Sollte die Linie der rechten Talflanke entlang führen, will er in Bonaduz an die bestehende Strecke Chur–Thusis anschließen und die Surselva-Linie über Versam und Valendas nach Ilanz führen. Um das Längenprofil einigermaßen ausgeglichen gestalten zu können, empfiehlt er den Bau von zwei gewaltigen Brücken über das Versamer- und das Carreratobel. In zwei weiteren Varianten schlägt er Lösungen längs der linken Talflanke vor. Die Linien würden jeweils in Reichenau von der Strecke Chur–Thusis abzweigen und die Dörfer Trin, Flims und Laax erschließen. Unterschiede bestehen bezüglich der schwierigen Linienführung zwischen Flims und Laax, wo das eine Projekt über Con (960 m ü.M.), das andere über Staderas (1115 m ü.M.) führt. Die Längenprofile beider Varianten sind sehr unausgeglichen. Die vierte Variante schließlich führt von Reichenau aus direkt in die Schlucht

Die HGe 4/4 37 der Furka-Oberalp-Bahn, 1992 und 1993 mietweise bei der RhB eingesetzt, befördert einen Güterzug durch die Ruinaulta. Die Aufnahme ist beim Wackenausporn zwischen Trin und Reichenau-Tamins entstanden. 16. 6. 1993

hinein und durch diese hindurch. Diese Variante hat den Nachteil, daß die Stationen weit abseits von bewohnten Gebieten liegen, weist dafür aber ein sehr ausgeglichenes Längenprofil auf.

Sowohl bezüglich der Baukosten, der späteren Betriebskosten wie auch der Leistungsfähigkeit ist die Schluchtvariante den anderen Varianten überlegen. Am 11. Juli 1898 entscheidet sich die RhB auf Antrag der Baukommission für den Bau dieser Rheinlinie. Aus heutiger Sicht mag man bedauern, daß die Bahn die bedeutenden Sommerferien- und Wintersportorte Flims und Laax nicht bedient. Dafür garantiert eine Fahrt durch die Ruinaulta ein einzigartiges und in jeder Beziehung eindrückliches Landschaftserlebnis.

Eine Bahn durch Niemandsland

Unter der Oberleitung des zur gleichen Zeit auch für die Albulabahn zuständigen Fritz Hennings wird für den Bau der Linie Reichenau-Tamins–Ilanz eine eigene Sektion unter Leitung von Peter Saluz geschaffen. Als erste Maßnahme muß die bisher nur gerade von verwegenen Fischern und Jägern begangene Schlucht von beiden Enden her erschloßen werden. Hierzu werden kühne, zum Teil an Drahtseilen hängende Stege in die teils fast senkrechten Bergsturzwände gebaut. In der Isla Bella unterhalb der heutigen Station Versam-Safien baut Richard Coray eine 60 m weit gespannte Hängebrücke über den Rhein. Von allen diesen kunstvollen Bauten ist heute nichts mehr zu sehen.

Trotz großer Schwierigkeiten beim Abstecken der Bahnachse und bei der Aufnahme der Querprofile liegt das definitive Bauprojekt bereits im April 1900 vor. Drei Monate später werden die Unterbauarbeiten vergeben. Außer den Bahnanlagen erstellt die RhB auch Zufahrtsstraßen von den Dörfern Trin, Versam, Valendas und Sagogn zu den drei tief unten in der Schlucht gelegenen Bahnstationen. Von den vier großen Eisenbrücken dienen drei der Bahn und eine der Verbindungsstraße nach Sagogn. Für eine Ausführung in Eisen entscheidet man sich deshalb, weil die erforderlichen Spannweiten sehr groß sind. Auf einer Länge von 9 km werden Wehrbauten zum Schutz vor den Hochwassern des Rheins erstellt. Weil das Schuttmaterial des Bergsturzes von schlechter Qualität ist, müssen praktisch alle Steine von auswärts herbeigeführt werden. Die für die Wehren benötigten rund 120 000 Kubikmeter Steine stammen aus zwei Brüchen im Farsch bei Reichenau und an der Glennermündung bei Ilanz. Der Transport erfolgt mittels einer dampfbetriebenen Dienstbahn, deren Gleise soweit möglich auf dem künftigen Bahntrassee verlegt werden.

Trotz Gefährdungen durch Steinschläge und Unterbrechungen durch mehrere Hochwasser schreiten die Bauarbeiten planmäßig voran. Im Mai 1903 wird die fertiggestellte Strecke kollaudiert, also amtlich abgenommen. Am 1. Juni, einen Monat vor der Eröffnung der Albulalinie, kann auf der 19,3 km langen Strecke von Reichenau-Tamins nach Ilanz der Betrieb aufgenommen werden.

Kampf gegen die Naturgewalten

Eine Gebirgsbahn ist nie fertig gebaut. Zwar ist die Eisenbahn gegenüber verschiedenen Witterungsbedingungen weit weniger empfindlich als die Straße und verträgt ohne Sicherheitseinbuße auch ein recht rauhes Klima. Trotzdem bleibt der Unterhalt der Tunnels, der Brücken und der verschiedenartigen Schutzbauten gegen Steinschlag, Schneerutsche, Schneeverwehungen und Lawinen eine immerwährende Herausforderung. Langjährige Erfahrung und laufende, durch fortschreitende Erosion bewirkte Veränderungen der Landschaft erfordern ständige Ergänzungen und Neubauten, um den lückenlosen Schutz der Bahnstrecke zu gewährleisten.

Die sehr sorgfältige Ausführung der Wehrbauten in der Rheinschlucht sollte sich mehrmals als sehr nützlich erweisen. Selbst im September 1927, als der Rheinpegel bei Reichenau innerhalb von drei Tagen zunächst von 2,56 m auf 5,7 m und danach innerhalb von 12 Stunden auf den Rekordstand von 8,3 m ansteigt, halten sich die Schäden an der Bahnstrecke in recht glimpflichem Rahmen. Am Wackenausporn zwischen Reichenau-Tamins und Trin erinnert eine rostige Hochwassermarke an den damaligen Wasserstand. Unglaublich, daß nur gerade 30 m Bahnstrecke gegenüber des Wackenausporns sowie rund 200 m oberhalb der Station Versam-Sagogn weggerissen werden. 60 Jahre später, bei den schweren Unwettern im Juli 1987, bleibt die Strecke durch die Schlucht weitgehend unbeschädigt. Dieses Mal bleibt der Rheinpegel allerdings weit unter der Rekordmarke, da große Wassermengen in den inzwischen gebauten Speicherbecken der Kraftwerke zurückgehalten werden können. Großes Glück für die RhB auch in anderer Hinsicht: Bei Versam entgleist ein Reisezug, nachdem er auf eine wegen des Unwetters niedergegangene Rüfe aufgefahren ist. Obwohl die Lokomotive an diesem Erdrutsch gegen den Rhein hin abstürzt und mehrere Wagen entgleisen, kommen alle Fahrgäste mit dem Schrecken davon.

Weiter oben in der Surselva, unterhalb von Trun, verursachen die Unwetter von 1927 und 1987 weit größere Schäden. Dort rächt es sich, daß das Trassee entgegen den Ratschlägen von Einheimischen unmittelbar dem Rhein entlang verläuft. 1927 zerstört ein großer Erdrutsch aus dem Val Zavragia einen Teil des Dorfes Zignau und ergießt sich daraufhin in den Rhein, woraufhin das gestaute Wasser durch den Tiraun-Tunnel der RhB abfließt. Außer den gesamten bahntechnischen Einrichtungen im 227 m langen Tunnel werden rund 240 m Bahndamm weggefegt. In Tavanasa fallen neben einer von Robert Maillart konstruierten Eisenbeton-Straßenbrücke auch Teile der Gleisanlagen der Station Tavanasa-Breil/Brigels sowie ein Mauerbogen des Viaduktes über den Schartbach dem Unwetter zum Opfer. Während der Unwetter von 1987 ergießen sich Rüfen aus dem Val Plaunca, dem Val Zavragia und von der Alp da Munt in den Rhein, worauf das gestaute Wasser wie 60 Jahre zuvor durch den Tiraun-Tunnel abfließt und das Bahntrassee auf einer Länge von mehreren hundert Metern vollständig zerstört. Erst nach drei Monaten kann der durchgehende Bahnbetrieb wieder aufgenommen werden. Die nach dem Unwetter nötig werdenden Verbauungsarbeiten im schwer mitgenommenen Val Plaunca können erst fünf Jahre später abgeschlossen werden.

Bereits während des Baus der Strecke durch die Ruinaulta zeigt sich, daß das Trassee in erheblichem Maß durch Steinschlag gefährdet ist. Trotzdem wird die Gefahr zunächst unterschätzt. Trotz des nachträglichen Baus etlicher Schutzwände sind auch heute noch bei weitem nicht alle Partien gegen alle Gefahren gesichert. Besonders erwähnenswert sind die 1928 oberhalb der Station Trin am Fuß einer stark verwitterten Wand gebaute 118 m langen Betonschutzwand sowie die erst 1982/83 erstellte 202 m lange Steinschlaggalerie unterhalb der Station Valendas-Sagogn.

Um den Bahnbau durch die unerschlossene Rheinschlucht zu ermöglichen, baute der aus Trin stammende Zimmermann Richard Coray eine Reihe spektakulärer Stege und Flußübergänge, die alle nach der Eröffnung der Bahn wieder abgebrochen worden sind.

Einsam in der tiefen Schlucht liegt die kleine Station Versam-Safien. 6. 9. 1993

Die Ge 4/4 81 und 82 der Furka-Oberalp-Bahn befördern heute Autozüge durch den Furka-Basistunnel. Da sie nicht über Zahnradantrieb verfügen, können sie auf dem restlichen FO-Netz nur beschränkt eingesetzt werden. Zwischen ihrer Ablieferung und der Eröffnung des Furkatunnels waren sie deshalb während einiger Zeit auf dem RhB-Netz zu finden. Das Bild zeigt die Ge 4/4 81 „Wallis" in der Rheinschlucht zwischen Versam-Safien und Valendas-Sagogn. 25. 3. 1981

Linke Seite: Der von einer Ge 6/6II geführte Glacier Express überquert in der „Chrummwaag“ zwischen Versam-Safien und Trin den Vorderrhein. 7. 8. 1988

Diese Aufnahme des Glacier Express ist zwischen Ilanz und Castrisch entstanden. Im Zugverband sind der RhB-Doppelspeisewagen, ein weiterer RhB-Speisewagen sowie ein Salon-Aussichtswagen der Furka-Oberalp-Bahn zu erkennen. 5. 8. 1993

Herbststimmung bei Sumvitg-Cumpadials. Die Ge 4/4II 627 „Reichenau-Tamins" wird in wenigen Minuten in Disentis/ Mustér eintreffen. 30. 10. 1993

Von Ilanz in die Cadi

Am 1. Juni 1903 wurde die Schienenverbindung von Reichenau-Tamins nach Ilanz eröffnet. Damit war der Hauptort der Surselva mit dem neuen Verkehrsmittel erreichbar. 1912, neun Jahre später, war die Fortsetzungsstrecke von Ilanz bis Disentis/Mustér fertiggestellt. Bis zur Eröffnung der Oberalpstrecke sollten 14 weitere Jahre bis 1926 vergehen. Damit wurde die frühere Stichbahn zu einer Teilstrecke der alpenquerenden Meterspur-Verbindung von Graubünden ins Wallis aufgewertet. Kurz darauf verkehrte erstmals der „Glacier Express" von St.Moritz nach Zermatt, der heute weltberühmte Touristenzug. Die Oberländer Linie dient aber auch den lokalen Bedürfnissen. Ein dichtes Angebot von Regionalzügen verbindet die Surselva mit Chur. Gute Aussichten auch für den Güterverkehr: Für den Bau des Gotthard-Eisenbahn-Basistunnels wird in Tujetsch eine Großbaustelle betrieben. RhB und FO haben große Transportaufträge abzuwickeln. Zur Schaffung der hierzu erforderlichen Kapazitäten soll die Oberländer Linie großzügig ausgebaut werden.

1903 werden die beiden Prioritätslinien eröffnet. Sogleich steckt sich die RhB ein neues, innerhalb der zehn nächsten Jahre zu erreichendes Ziel: Es sollen die drei Strecken Ilanz–Disentis/Mustér, Davos–Filisur und Bever–Scuol erbaut werden.

Bereits 1905 verpflichtet die RhB den Engadiner Peter Saluz als Leiter des Baubüros für alle künftigen Neubaustrecken. Der neue Oberingenieur bringt reiche Erfahrungen mit aus seinen früheren Tätigkeiten für die Nordostbahn, die Bözbergbahn und – als Mitarbeiter von Fritz Hennings – die Gotthardbahn. Zuletzt hat Saluz als Sektionsingenieur unter der Oberleitung von Hennings den Bau der RhB-Linie Reichenau-Tamins–Ilanz geleitet.

Doch der weitere Ausbau des RhB-Netzes übersteigt die Kräfte Graubündens vorerst. 1907 bewilligt das Eidgenössische Parlament die erforderlichen Bundessubventionen. Damit hat die RhB grünes Licht, um die Arbeiten voranzutreiben. Jetzt kann auch der einst in der Einöde (Desertina = Disentis) angelegte und heute vom prächtigen Barockbau des Klosters (Monasterium = Mustér) dominierte Hauptort des oberen Teils der Surselva, der Cadi (Casa Dei = Haus Gottes), mit Schienen erschlossen werden.

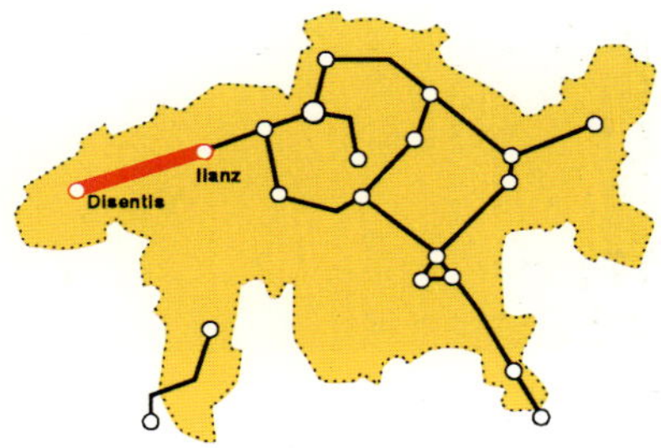

Vom Bau der Linie Ilanz–Disentis/Mustér

Als Grundlage für das Detailprojekt für die 30 km lange Linie von Ilanz nach Disentis/Mustér wird ein aus dem Jahr 1898 stammender genereller Vorschlag von Robert Moser herangezogen. Lediglich zwischen Tavanasa und Trun weicht das definitive Projekt in größerem Umfang vom Moser'schen Vorschlag ab. Moser wäre den Hochwassern des Rheins recht gut ausgewichen, hätte die Strecke dafür aber bei Zignau durch den Bereich der Zavragia-Rüfe führen müssen. Saluz weicht dieser gefährlichen Rüfe aus und führt das Trassee statt dessen auf der gegenüberliegenden Seite des Rheins bei Tiraun in tiefer Lage den Fluß entlang. Sowohl 1928 wie auch 1988 wird das Trassee an dieser Stelle zerstört. Es ist denkbar, daß bei einer Linienführung über Zignau weniger gra-

Die Ge 6/6I (C'C') 413 (Baujahr 1929, ausrangiert 1994 nach einem Getriebeschaden) zieht einen aus einem gedeckten RhB-Güterwagen und zwei FO-Silowagen bestehenden Güterzug von Sumvitg-Cumpadials nach Disentis/Mustér. Links und rechts oben erstrekken sich die beiden Weiler Disla und Cavardiras. 24. 8. 1976

vierende Schäden aufgetreten wären. Es ist allerdings müßig, darüber zu sinnieren, hätte doch die Zavragia-Rüfe beide Male ebenfalls große Schäden angerichtet.

Im Frühling 1909 sind die Planungsarbeiten abgeschlossen. Die maximale Steigung soll zwischen Ilanz und Trun lediglich 16 Promille und auf der anschließenden Strecke nach Disentis/Mustér 27 Promille betragen. Unter Oberingenieur Saluz wird Hugo von Kager zum verantwortlichen Sektionsingenieur ernannt.

Im April 1910 beginnen die Bauarbeiten. Im Sommer 1910 werden diese während einiger Wochen wegen Differenzen mit einigen Landeigentümern gestört. Ruhe kehrt erst ein, als sich die zuständigen Bundesbehörden einschalten und die Enteignungen vorantreiben.

Drei Mal, nämlich bei Ilanz, Rueun und Tavanasa, überquert die Linie den Rhein. Wegen der großen erforderlichen Spannweiten werden wie bereits in der Rheinschlucht auch diese drei Brücken aus Eisen gebaut. Die größte Brücke der Linie, der Viadukt über das Val Russein zwischen Sumvitg-Cumpadials und Disentis/Mustér, wird hingegen vollständig aus Stein gebaut. Rund einen Kilometer bergwärts entsteht als weiteres bedeutendes Brückenbauwerk der steinerne Viadukt über das Val Lumpegna.

Zwischen Sumvitg-Cumpadials und Disentis/Mustér ruht das Gleis fast durchweg auf Viadukten oder Stützmauern. Dieses oberste Teilstück der Oberländer Linie wird damit zum teuersten Abschnitt der Strecke. Zwischen dem Tiraun- und dem Plaunca-Tunnel, wo später zwei Mal gravierende Hochwasserschäden auftreten sollten, werden umfangreiche Wehrbauten erstellt. Auf einer Länge von 2,25 Streckenkilometern wird die gewaltige Menge von 27 400 Kubikmeter Steinen, also rund 12 Kubikmeter pro Laufmeter Gleis, verbaut.

Am 1. August 1912, nach einer erstaunlich kurzen Bauzeit von nur etwas mehr als zwei Jahren, wird die Strecke eröffnet.

Die Oberländer Linie im Lauf der Zeit

Die Oberländer Linie in ihrer Gesamtheit von Reichenau-Tamins bis Disentis/Mustér ist im Gegensatz zur Albula- oder zur Davoserlinie anfänglich vor allem eine Erschließungsbahn von regionaler Bedeutung. Die gesamte Strecke wird zwar bereits seit 1922 elektrisch betrieben, ist aber trotzdem die zuletzt elektrifizierte RhB-Teilstrecke.

Auch nach der Eröffnung der Furka-Oberalp-Bahn, die zunächst wenigstens im Sommer eine Verbindung nach Westen gewährleistet, hält sich die Zahl der Transitreisenden in Grenzen. Am 26. Juli 1930 verkehrt erstmals unter dem Namen „Glacier Express" ein direkter Zug von St.Moritz nach Zermatt, vom Berninamassiv zum Matterhorn. Von jetzt an fährt jeweils von Ende Juni bis Anfang Oktober mit dem Glacier Express ein zuschlagpflichtiger Schnellzug, sogar mit einem MITROPA-Speisewagen, durch das Oberland. Wegen des kriegsbedingten Rückgangs des Touristenstroms wird der attraktive Touristenzug zwischen 1942 und 1946 eingestellt.

Seit der Eröffnung des Furka-Basistunnels im Jahr 1982 verkehrt der Glacier Express ganzjährig. Seither erlebt er einen überaus erfreulichen Aufschwung. Über 200 000 Gäste wollen heute jedes Jahr eine Reise mit diesem Zug erleben. Während des Sommers führt die RhB täglich vier Glacier-Express-Züge je Richtung, die für die Fahrt über den Oberalppaß meistens zweigeteilt werden. Einer dieser vier Züge besteht ausschließlich aus Aussichtswagen und Wagen erster Klasse, ein weiterer Zug ist für Gruppenreisen reserviert. Jeder Glacier Express führt mindestens auf den RhB-Abschnitten einen Speisewagen mit. Es empfiehlt sich allerdings, die Plätze im voraus zu reservieren. Viele Reisende haben entdeckt, daß man anstelle einer Mahlzeit im Speisewagen die Reise in Disentis/Mustér unterbrechen kann, um dort bis zur Weiterfahrt mit dem nächsten Glacier Express ein gemütliches Speiserestaurant aufzusuchen.

Es ist unbestritten, daß der Glacier Express heute der Star unter den auf der Oberländer Linie verkehrenden Zügen ist. Doch dieser Touristenzug bildet nur einen kleinen Teil des heutigen RhB-Angebotes. Stündlich verkehren Regionalzüge von Chur nach Disentis/Mustér und zurück und auch der von der RhB abgewickelte Güterverkehr, besonders auf der unteren Teilstrecke bis Ilanz, darf sich sehen lassen.

Ein derart dichter Fahrplan erfordert zeitgemäße Sicherungseinrichtungen. 1953 wird als erstes Teilstück der Oberländer Linie die durch die Schlucht führende Strecke von Reichenau-Tamins bis Valendas-Sagogn mit einem Streckenblock ausgerüstet. Wegen knapper finanzieller Mittel und anderer Prioritäten verzögert sich der Weiterbau rheinaufwärts. Erst zwischen 1973 und 1975 wird der Block auch zwischen Valendas-Sagogn und Disentis/Mustér eingerichtet. Seit 1977 können vom Stellwerk des Bahnhofs Reichenau-Tamins aus einzelne Abschnitte der Oberländer Linie fernüberwacht werden. Bis 1982 wird die Fernüberwachung laufend ausgebaut. Seit dem Endausbau kann Reichenau die gesamte Strecke von Trin bis Sumvitg-Cumpadials fernüberwachen und teilweise fernsteuern.

Derzeit läuft im Hinblick auf die Realisierung des Gotthard-Eisenbahn-Basistunnels die im Endeffekt wohl bedeutendste Ausbauetappe der Oberländerlinie der RhB sowie der FO-Strecke von Disentis/Mustér bis Sedrun. In Tujetsch bei Sedrun wird für diesen gigantischen Tunnelbau eine Großbaustelle eingerichtet. Die RhB- und FO-Strecken werden für umfangreiche Materialtransporte aus dem Unterland bis zum Baubahnhof Tujetsch sowie für Aushubtransporte von dieser Baustelle weg zu den Deponien herangezogen. Dies bedingt, daß vorgängig eine substantielle Verbesserung der Bahnverbindung von Chur über Disentis/Mustér bis Sedrun vorgenommen wird. Die über den AlpTransit-Kredit finanzierten Ausbaumaßnahmen werden über die eigentliche Bauphase hinaus wirken. Ziel des Ausbaus ist eine Leistungs- und Kapazitätsverbesserung, eine Verkürzung der Fahrzeiten, eine weitere Verdichtung der Fahrpläne und eine bessere Verknüpfung von Bahn und Straße beim Güterverkehr. Dazu bedarf es einer Begradigung der Linienführung, des Ausbaus der Bahnhöfe Ilanz und Disentis/Mustér und anderer baulicher Veränderungen.

Die Furka-Oberalp-Bahn

Die FO-Strecke bildet die natürliche Fortsetzung der Oberländer Linie der RhB. Weil die FO-Strecken im Gegensatz zu denjenigen der RhB mit Zahnstangenabschnitten ausgerüstet ist, weichen die technischen Normalien der FO in vielerlei Hinsicht von den RhB-Regeln ab. Die Fahrzeuge der beiden Bahnen sind deshalb nicht beliebig austauschbar.

Mit dem Ziel, eine Bahn vom Oberwalliser Verkehrszentrum Brig aus durch das Goms und über die Furka ins urnerische Urserental und weiter über den Oberalppaß bis zum Anschluß an die RhB-Strecke in Disentis/Mustér zu bauen, konstituiert sich 1910 in Lausanne die „Compagnie Suisse du chemin de fer de la Furka Brig - Disentis", abgekürzt BFD. Bis 1914 wird die BFD-Strecke Brig–Gletsch fertiggestellt. Die in französischem Besitz stehende Gesellschaft wird Ende 1915 jedoch zahlungsunfähig, worauf die Bauarbeiten eingestellt werden. Zu diesem Zeitpunkt sind auf der Walliser Seite die Gleise bis Muttbach verlegt, während auf der Bündner Seite erst rund 950 m Gleise zwischen Disentis/Mustér und Tschamutt liegen.

1923 bricht die BFD endgültig zusammen. Das Bundesgericht verfügt die Zwangsliquidation und nach Vorliegen der Versteigerungsbedingungen wird gar von einem möglichen Abbruch der bisher gebauten Abschnitte gesprochen. Doch Auguste Marguerat, Direktor der Visp-Zermatt-Bahn, rettet die Bahn: Er versteht es, neben seiner VZ auch die RhB, die Schöllenenbahn, die Kantone Wallis, Uri, Graubünden und Waadt, verschiedene Gemeinden sowie Privatpersonen zu einem Syndikat mit dem Ziel des Erwerbs und der Vollendung der BFD-Strecke zusammenzuschließen. Als Nachfolgegesellschaft der BFD entsteht die Furka-Oberalp-Bahn, abgekürzt FO. Die Vollendungs- und Rekonstruktionsarbeiten werden unverzüglich begonnen. Die RhB übernimmt eine Patenrolle für die Oberalpstrecke Disentis/Mustér–Andermatt, die unter Federführung der Fachdienste der Rhätischen Bahn bereits zwei Jahre später betriebsbereit ist. Im Herbst 1925 fährt erstmals ein durchgehender Zug von Brig bis Disentis/Mustér. Da die Strecke aber noch nicht wintersicher ist, wird der fahrplanmäßige Betrieb erst im Juli 1926 aufgenommen.

1940 bis 1942 wird die FO elektrifiziert. 1941 erfolgt vorab aus militärischen Gründen der wintersichere Ausbau der Oberalpstrecke. Dies erfordert Linienverlegungen, den Bau großer Galerien, respektable Hangverbauungen und Aufforstungen. Der Betrieb auf der Furkastrecke hingegen bleibt bis zur Eröffnung des Basistunnels weiterhin während der Winterperioden eingestellt. Erst seit 1982, nach der Eröffnung des 15,3 km langen Furka-Basistunnels, wird die gesamte FO-Strecke ganzjährig befahren.

**Rechte Seite: Das Ortsbild von Sumvitg wird von der riesig großen Pfarrkirche dominiert. Der von der Ge 4/4II 612 „Thusis" geführte Regionalzug nach Disentis/Mustér führt an der Spitze zwei Kurswagen nach Brig.
13. 8. 1988**

Über der Ge 4/4II 632 „Zizers" ist der auf einer Terasse gelegene Weiler Caltgadira mit der Kirche Maria Licht zu erkennen. Die Gebäude rechts unten gehören zur Ortschaft Trun. 30. 10. 1993

Im letzten Abendlicht führt die Ge 4/4I 604 „Calanda" einen Regionalzug von Trun hinauf nach Rabius-Surrein. 13. 8. 1988

Der Viadukt über das Val Lumpegna unterhalb von Disentis/Mustér ist über sämtliche 16 Öffnungen gemessen 153 m lang. Die umgebaute Ge 4/4I 603 „Badus“ befindet sich gut 30 m über dem Bach. 30. 10. 1993

Rechte Seite oben: Nach Beendigung eines Bauzug-Einsatzes wird die Ge 4/6 (1'D1') 355 hinter der Ge 6/6I (C'C') 408, welche den ordentlichen Güterzug führt, nach Chur zurückgeschleppt. Die Aufnahme ist vor der Pfarrkirche St. Martin in Trun entstanden. 28. 7. 1978

Rechte Seite unten: Unmittelbar nach der Abfahrt aus dem Bahnhof Disentis/Mustér fährt die Ge 4/4II 630 „Trun“ an der Fassade des Benediktinerklosters St. Martin vorbei. 30. 10. 1993

Die Bahnverbindung von Davos ins Engadin

Die Strecke Davos–Filisur beginnt im Bahnhof Davos Platz und führt dem Landwasser entlang zur Station Filisur an der Albulalinie. Die Linie wurde seinerzeit auf Initiative der Davoser erstellt, um die Verkehrsverbindungen ins Engadin zu verbessern. Dieses schöne und wilde Stück im RhB-Netz ist zu Unrecht relativ wenig bekannt. Die Strecke weist eine Reihe von Höhepunkten auf, so den unvergleichbaren Wiesener-Viadukt und die abwechslungsreiche Fahrt durch die wilde Zügenschlucht.

Nach der Niederlage der Davoser Scaletta-Befürworter gegen das Centralbahn-Komitee steht fest, daß von der Landschaft Davos aus keine direkte Bahn ins Engadin gebaut wird. Wenn schon keine Scalettabahn entstehen soll, so wollen die Davoser wenigstens eine Verbindung zur Albulalinie, um das Engadin trotzdem auf einem direkten Schienenweg erreichen zu können. Als natürlicher Anschlußpunkt bietet sich das knapp 20 km von Davos Platz entfernte Filisur an. Eine Eingabe der Landschaft Davos, auch eine Strecke Davos–Filisur ins Netz der Prioritätslinien aufzunehmen, wird vorerst jedoch zurückgewiesen.

Die initiativen, risikofreudigen und erstaunlich weltoffenen Davoser Walser geben deswegen nicht auf. Wie schon beim Bau der Schmalspurbahn Landquart–Davos vertrauen die zähen, selbstbewußten und nüchtern denkenden Bergler auf ihre eigenen Kräfte und Fähigkeiten. Statt um Subventionen zu feilschen, beteiligt sich die Landschaft Davos in maßgeblichem Umfang an der Finanzierung der gewünschten Bahnlinie. So ist es möglich, daß die Verbindungslinie Davos–Filisur nach der Realisierung der Prioritätslinien und des kurzen Pontresina-Zweiges als erste RhB-Neubaustrecke in Angriff genommen wird.

Vom Bau der Linie durch die Zügenschlucht

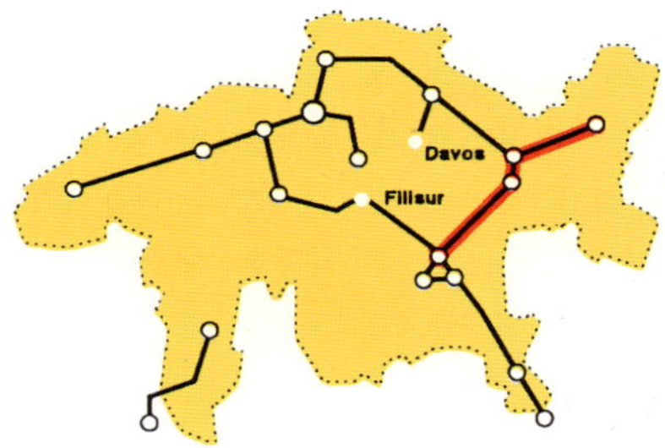

Bereits 1898 werden allgemeine Untersuchungen im Hinblick auf einen späteren Bau einer Anschlußlinie von Davos nach Filisur vorgenommen. Die Linienführung muß in großen Zügen festgelegt werden, um die Station Filisur der Albulalinie wegen der künftigen Einmündung der Zweigstrecke am richtigen Ort zu bauen.

1903 erarbeitet der eben als Professor für Straßen- und Eisenbahnbau an die ETH Zürich berufene Fritz Hennings das generelle Bauprojekt für die Anschlußstrecke. 1905 nimmt das RhB-Baubüro unter Oberingenieur Peter Saluz die Arbeit auf. Saluz bereinigt die Pläne, bei der Linienwahl ergeben sich aber nur noch geringfügige Veränderungen. Für die Bauausführung wird die Strecke in vier Lose eingeteilt. Für das mit Abstand schwierigste Los vom Schmelzboden durch die Zügenschlucht bis und mit Wiesener-Viadukt setzt Saluz den jungen Hans Studer als Bauführer ein.

Um die Terrainaufnahmen im Bereich des Wiesener-Viaduktes vornehmen zu

In der Zügenschlucht zwischen Wiesen und Davos Monstein: Zwischen dem Wiesen II-Tunnel und dem Bärentritt-Tunnel beträgt die offene Stelle weniger als eine Loklänge. Unmittelbar neben dem Trassee tost ein Wasserfall zum Landwasser hinunter. 10. 7 .1988

können, erstellt Richard Coray 20 m westlich der späteren Bahnachse einen 45 m weit gespannten Drahtseilhängesteg, der das Landwasser in einer Höhe von rund 50 m überquert. Zuerst wird geprüft, ob eine Brücke aus Stein oder eine Eisenbrücke mit einem rund 80 m langen Hauptträger erstellt werden soll. Eine lediglich geringe Kostenersparnis beim Bau der Eisenbrücke, deren wesentlich kürzere Lebenserwartung und ästhetische Überlegungen geben den Ausschlag zugunsten eines steinernen Viaduktes. Sicher hat Hennings alle an diesem Entscheid beteiligten Ingenieure geprägt. Der hoch angesehene Erbauer der Albulabahn tritt konsequent dafür ein, nur dort eiserne Brücken zu bauen, wo die für die Ausführung eines steinernen Viaduktes erforderliche Konstruktionshöhe fehlt. 1926, anläßlich eines internationalen Kongresses für Brückenbau und Hochbau, äußert sich Studer klipp und klar: „Die Rhätische Bahn hat hinsichtlich des Brückenbaus ein typisches Gegenstück in der Gotthardbahn. Bei orographisch sehr ähnlichen Verhältnissen hat man bei der Gotthardbahn beinahe ebenso konsequent eiserne Brücken eingebaut wie bei der RhB steinerne. Diese grundsätzliche Einstellung der Gotthardbahn erscheint heute als eine objektiv schwer verständliche, der Einbau relativ zierlicher eiserner Fachwerke in die gewaltige,von Lawinen durchtoste, granitene Natur als etwas völlig Unorganisches, ja ihre monumentale Architektur durch zierliches, unzulängliches Menschenwerk fast Beleidigendes."

Die Anordnung des schließlich gebauten Wiesener-Viaduktes und die Weite der verschiedenen Öffnungen basiert auf einer von Hennings erstellten Skizze. Studer nimmt die statische Berechnung und die Detailprojektierung vor. Während er die Anschlußbögen beidseits der Mittelöffnung halbkreisförmig ausführt, folgt er mit der parabelförmige Konstruktion des Hauptbogens genau der Drucklinie. Er berechnet und konstruiert diesen Bogen nach der Elastizitätstheorie unter Anwendung einer soeben von Professor W. Ritter an der ETH entwickelten grafischen Methode. Die heute im RhB-Archiv noch vorhandenen Pläne sind eindrücklich und sehenswert.

Im Oktober 1906 beginnen die Fundierungsarbeiten für diesen interessantesten gemauerten Talübergang in Graubünden. Es müssen mehrere bis zu 14,5 m tiefe Baugruben erstellt und ausgezimmert werden, um die Pfeiler auf kompakten Fels setzen zu können. Da praktisch sämtliches Baumaterial von der Wiesener Seite her zugeführt werden muß, wird eine Seiltransportvorrichtung konstruiert, welche die Baustelle auf ihrer gesamten Länge bedient.

Während des Baus zeigt sich, daß sich der in der Nähe gewonnene Muschelkalk für die Herstellung von bearbeiteten Gewölbesteinen nicht eignet. Studer entschließt sich deshalb zur Verwendung von Betonsteinen. Der dazu benötigte Sand wird weit oberhalb der Baustelle gewonnen, in Holzkanälen auf den Wiesener Stationsplatz hinuntergeschwemmt und während dieses Transportvorganges gleichzeitig gewaschen. Die für die Herstellung der Hausteine der Gewölbestirnen benötigten Gneis- und Granitfindlinge werden in großer Zahl vom Schmelzboden her zur Großbaustelle hinunter transportiert.

Ein in jeder Beziehung außergewöhnliches Meisterwerk bildet das für den Wiesener-Viadukt erforderliche Lehrgerüst, das von Bauführer Studer berechnet und von Richard Coray zusammen mit zwölf Bündner Zimmerleuten innerhalb von knapp fünf Monaten aufgebaut wird. Auf Betonfundamenten ist es in neun Stockwerken auf 55 m freitragend, mit den Hauptpfeilern verankert und als eine Art Sprengwerk aufgetürmt. Insgesamt werden 494 Kubikmeter geschnittenes Konstruktionsholz, 24 Kubikmeter Schalholz, 15,3 Tonnen Eisenteile und 3162 Stück Schraubenbolzen verarbeitet. Am 14. Oktober 1908, 40 Tage nach dem Schluß des ersten Mauerrings, wird das um 100 mm überhöhte Lehrgerüst abgesenkt. Der erste Ring sinkt um genau 102 mm ab, und in der Folge bleibt es dabei. Man stelle sich diese Präzisionsarbeit im Vergleich mit den Gesamtabmessungen des Bauwerks vor: Die am 23. November 1908 im wesentlichen fertiggestellte Brükke ist insgesamt 204 m lang, die Spannweite des Hauptbogens beträgt 55 m und das Gleis verläuft 88 m hoch über dem mittleren Wasserstand des Landwassers.

Auf der 19,3 km langen Strecke werden neben dem Wiesener-Viadukt 27 weitere größere Viadukte sowie 14 Tunnels erstellt. Mehrere Tunnels unterfahren gefährliche Lawinenzüge. Zwischen dem am oberen Eingang in die Zügenschlucht gelegenen Schmelzboden und dem Wiesener-Viadukt wird ein großer Teil der Gleise entweder in Tunnels oder auf Brücken verlegt.

Ende Juni 1909 ist die Linie zur Bauabnahme bereit. Am 1. Juli wird der Betrieb eröffnet.

Der unbekannte Bruder des Wiesener-Viaduktes

1913 beginnt bei Roizon in den französischen Alpen der Bau des Viaduc de la Roizonne, der sowohl bezüglich Konstruktion wie auch der beim Bau angewandten Technik ein Duplikat des Wiesener-Viaduktes ist. Nach vielen Unterbrüchen werden die Arbeiten erst 1928 abgeschlossen. Der für die nie völlig fertiggestellte Meterspurbahn la Mure–Gap erstellte Viadukt ist 110 m hoch und die Spannweite des Hauptbogens mißt 80 m. Seinem Zweck als Eisenbahnbrücke dient der unbekannte große Bruder des Wiesener-Viaduktes allerdings nur von 1932 bis 1949. Heute führt eine lokale Verbindungsstraße über das imposante Bauwerk.

Die Zügenlinie im Lauf der Zeit

Die dem Landwasser folgende RhB-Verbindungslinie von Davos nach Filisur gehört seit ihrer Eröffnung zu den frequenzschwächsten Abschnitten des RhB-Netzes. Trotzdem ist die Strecke in zweierlei Hinsicht bedeutungsvoll: Zum einen stellt sie die erste direkte und wintersichere Verbindung zwischen der Landschaft Davos und dem Engadin dar. Volkswirtschaftlich gesehen ist dieses Faktum auch heute noch bedeutungsvoll – trotz Winterräumung des Flüelapasses und Bau des Vereina-Tunnels. Zum anderen bringt die Linie der RhB eine Reihe bahnbetrieblicher Vorteile. Zwischen Filisur und Landquart kann der Verkehr wahlweise über Thusis oder Davos geleitet werden, was sich in unzähligen Fällen als vorteilhaft erweist.

Relativ spät, nämlich erst 1987, wird auf der Strecke Davos Platz–Filisur der Streckenblock eingerichtet. Ebenfalls seit 1987 kann die gesamte Strecke vom Stellwerk Davos Platz aus fernüberwacht und ferngesteuert werden. Zur Bewältigung des recht bescheidenen Personenverkehrs werden seit einigen Jahren hauptsächlich Pendelzug-Kompositionen eingesetzt. Die wenigen Güterwagen, die über diese Strecke laufen, werden fast immer hinter den Personenzügen mitgeführt.

Bahn und Bus in friedlicher Kooperation

Im Automobil-Zeitalter kann eine Eisenbahn nicht mehr alle ihr früher einmal zugedachten Aufgaben optimal erfüllen. Die Menschen sind nun einmal nicht mehr bereit, die in einer stark zerklüfteten Gebirgsregion sich ergebenden weiten Wege zu den Bahn-Haltestellen und lange Wartezeiten beim Umsteigen in Kauf zu nehmen. In vielen Fällen sind flexible Autobuslinien kundenfreundlicher und damit erfolgreicher als die althergebrachte Eisenbahn.

Ein positives Beispiel für eine friedliche Koexistenz und Kooperation zwischen Bahn und Bus ist das heutige öffentliche Transportangebot für Wintersportler im

Raum Davos. Als Dienstleistung für die Wintersportler hat die RhB jahrzehntelang den Fahrplan zwischen Davos Dorf und Davos Glaris mit zusätzlich verkehrenden Sportzügen verdichtet. Die in kurzen Abständen fahrenden Züge dienten einerseits als Zubringer ins Langlaufgebiet des Sertigtales (Davos Frauenkirch) und in die Skigebiete des Rinerhorns (Davos Glaris), Brämabüel/Jakobshorn und Schatzalp/Strela (Davos Platz) und ins Parsenngebiet (Davos Dorf), andererseits aber auch zur Verbindung der weit auseinanderliegenden Fraktionen der Landschaft Davos untereinander. Nun sind die Unterkünfte der Sportler – die Hotels, Pensionen, Ferienwohnungen und Kolonien – aber weit verstreut und liegen meistens abseits der Bahnstationen. Vor einigen Jahren sind die Sportzüge durch Sportbusse ersetzt worden, die direkt zu den Talstationen der Sportbahnen fahren und unterwegs eine wesentlich größere Zahl von Haltestellen bedienen. Die im Sportbus gültigen Fahrausweise sind auch in den Fahrplanzügen gültig. Der Gast kann sich somit frei für das eine oder andere Transportmittel entscheiden. Dieses kombinierte Angebot ist sehr erfolgreich, hat der RhB erwartungsgemäß aber viele Fahrgäste weggenommen. Der Gast legt nun einmal Wert darauf, seine unförmige und schwere Sportausrüstung nicht allzu weit schleppen zu müssen und er will für den Weg von seiner Unterkunft bis an den Skiliftbügel möglichst wenig Zeit opfern. Dies ist sein Transportproblem, das er kompetent gelöst haben will. Die eingesetzten Mittel – Zug oder Bus – sind von untergeordneter Bedeutung. Unter dem Strich hat das System des öffentlichen Verkehrs durch diese Kooperation zwischen der RhB und dem Sportbus gewonnen, obwohl die Bahn gewisse Einbußen hinnehmen muß.

Ein weiteres Beispiel für eine kundenfreundliche Kooperation zwischen Bahn und Bus ist die heutige Form der öffentlichen Verkehrsbedienung der weit oberhalb der Bahnlinie im Landwasser- und im benachbarten Albulatal gelegenen Dörfer. Die Dörfer Wiesen, Schmitten und Alvaneu liegen rund 300 Höhenmeter über der Bahnlinie. Bis zum wintersicheren Ausbau der Zügenstraße in den sechziger und siebziger Jahren war es in den drei Dörfern während des Winters jeweils sehr ruhig. Für den öffentlichen Verkehr fuhren einige wenige Postautokurse. Eine Linie führte von der RhB-Station Wiesen hinauf ins Dorf Wiesen, bediente danach die Dörfer Schmitten und Alvaneu und endete bei der wiederum weit unterhalb von Alvaneu Dorf an der Albulalinie gelegenen RhB-Station Alvaneu. Die andere Linie begann ebenfalls in Wiesen Station, führte aber von Alvaneu Dorf über Brienz nach Lenzerheide/Lai. Auch nach der Eröffnung des Straßentunnels, welcher die Zügenschlucht umfährt, änderte sich an diesem archaischen Angebot zunächst nichts. Durch die Dörfer führt jetzt aber eine gut ausgebaute Straßenverbindung von Davos ins Albulatal und auf die Lenzerheide. Der öffentliche Verkehr war nicht mehr konkurrenzfähig. Wegen den in den Konzessionsbedingungen festgeschriebenen Monopolen war es lange Zeit undenkbar, über eine direkte Postautolinie von Davos nach Lenzerheide/Lai nachzudenken, da diese sinnvolle Linie je nach Auslegung zwischen Davos Platz und Davos Monstein oder sogar bis Wiesen Dorf der bestehenden RhB-Linie Konkurrenz macht. Nach zähem Ringen hat schließlich doch die Vernunft gesiegt, und seit Mitte der achtziger Jahre betreibt die Post in Zusammenarbeit mit der RhB diese direkte Linie. Die Postautoverbindungen zur abgelegenen und ungefähr zur gleichen Zeit automatisierten Station Wiesen wurden gleichzeitig aufgegeben. Diese Kooperation zwischen Bahn und Bus dient den Fahrgästen, die wahlweise den Bus oder den Zug benutzen können und von einem dichteren Angebot profitieren. Das System des öffentlichen Verkehrs als Ganzes hat gewonnen, obwohl die RhB im oberen Teilstück ihrer Strecke Fahrgäste an die Post verloren hat.

Lehrgerüst für das Wiesener-Viadukt mit dem parallel zur Bahnachse erstellten Drahtseilhängesteg. Besonders spannend war das Einfahren der beide Gerüsthälften verbindenden Steckbalken 80 m über dem Abgrund. Diese paßten genau und als sie lagen, soll Richard Coray mit seinem ältesten Buben in den Armen als erster über den 20 cm breiten Tramen von der Wiesener auf die Filisurer Seite geschritten sein (s. auch folgende Doppelseite).

Eine Mallet-Lokomotive dampft über den fertiggestellten Wiesener-Viadukt. Nur noch wenige Details erinnern an die umfangreichen Bauinstallationen. Rechts unten sind Spuren der Widerlager des Drahtseilhängesteges erkennbar.

Rechte Seite: Der Wiesener-Viadukt beeindruckt durch seine zeitlose Eleganz. Am 10. Juli 1988 führt die Ge 4/4II 620 „Zernez" einen Regionalzug von Filisur nach Davos.

Winterstimmung in Davos Frauenkirch: Die Ge 4/4II 631 „Untervaz" ist in Richtung Davos unterwegs (linke Seite). Die umgebaute Ge 4/4I 602 „Bernina" stößt ihren Pendelzug dem Landwasser entlang nach Filisur (oben). 25. 2. 1993

Linke Seite: Die beiden 1906 gebauten G 4/5-Schlepptenderlokomotiven 107 und 108 sind als letzte ihrer Serie auch heute noch betriebsfähig. Am 27. August 1978 führen beide Maschinen gemeinsam einen Sonderzug von Davos nach Filisur. Über den Lokomotiven hebt sich die um 1500 erbaute reformierte Kirche von Davos Frauenkirch ab, welche als Besonderheit einen in die Westmauer integrierten Lawinenbrecher-Keil besitzt.

Spektakuläre Fahrt durch die Zügenschlucht von Wiesen nach Davos Monstein: Zwischen den beiden Brombenz-Tunnels tritt der Zug kurz ans Tageslicht, um auf dem Brombenzer-Viadukt das Landwasser zu überqueren. 16. 7. 1983

Oben: Die Ge 6/6I (C'C') 412 hat eben die im Hintergrund sichtbare Station Davos Glaris verlassen und fährt gemütlich landwasserabwärts in Richtung Filisur. 7. 8. 1980

Unten: Die Station Wiesen liegt weit unterhalb der Ortschaft gleichen Namens am unteren Ende der Zügenschlucht. 19. 6. 1978

Rechte Seite: Der kurze, aus dem ABe 4/4 504 und einem Steuerwagen formierte Pendelzug wird in Kürze in Filisur eintreffen. Auf der anderen Seite des tief eingeschnittenen Landwassertales liegt weit oben die Kirche von Schmitten. 23. 10. 1989

Der von der Ge 6/6I (C'C') 410 (Baujahr 1922, ausrangiert 1984) geführte Stückgüterzug stellt in Guarda einige Holzwagen ins Freiverladegleis. Viele Stückgüterzüge der RhB bieten im mitgeführten Personenwagen eine besonders gemütliche Mitfahrgelegenheit an. Diese Züge sind im offiziellen Kursbuch nicht aufgeführt, doch sind ihre Fahrzeiten an den RhB-Bahnschaltern angeschlagen. 26. 7. 1983

Die Bahn ins Unterengadin

Die am 1. Juli 1913 eröffnete Bahn ins Unterengadin ist heute noch die jüngste unter allen Linien des RhB-Stammnetzes. Trotzdem nimmt sie eine besondere Pionierrolle ein: Mit der Eröffnung dieser Strecke nahm die Geschichte der elektrischen Traktion mit Wechselstrom 11 kV 16 2/3 Hz auf der RhB ihren Anfang. Der Mut zum Risiko hat sich ausbezahlt und unter Nutzung der im Engadin gesammelten Erfahrungen wurde das gesamte RhB-Stammnetz bis 1922 vollständig elektrifiziert. Erfolglos hingegen blieben die Bemühungen, die Engadiner Linie zu einem Teilstück einer internationalen Transitbahn werden zu lassen. Nach dem Ersten Weltkrieg wurden mehrere Projekte für Anschlußbahnen an die Engadiner Linie „schubladisiert". Die Engadiner Linie ist vorerst eine Stichbahn geblieben. Nach der Eröffnung der Vereinalinie wird die Bedeutung der Engadiner Linie erheblich zunehmen. Der Vereina-Tunnel leistet einen wichtigen Beitrag zur Existenzsicherung der Strecke Bever–Scuol-Tarasp.

1905 legt Fritz Hennings, der verdiente Oberingenieur der Albulabahn, die im Auftrag des RhB-Verwaltungsrates erstellte generelle Studie für eine Bahn von Bever nach Scuol vor. Zwei Jahre später ist die Finanzierung der Bahn durch das Engadin gesichert, und der Bau der als erste Etappe einer Meterspurverbindung vom österreichischen Landeck ins italienische Chiavenna gedachten Schienenverbindung kann in Angriff genommen werden.

Vom Bau der Linie ins Unterengadin

Die Ausarbeitung der Detailprojekte erfolgt durch das Churer Baubüro der RhB unter der Leitung von Oberingenieur Peter Saluz. Dieser weicht nur in wenigen Details von Hennings Vorschlag ab. Die minimalen Radien auf der 49,6 km langen Strecke sollen 160 m betragen, der Maximalwert für die Steigungen wird auf 25 Promille limitiert bei einem mittleren Gefälle von nur gerade 8,6 Promille.

Die Engadiner Linie weist einen im Vergleich zu anderen Gebirgsbahnen außergewöhnlich hohen Anteil von geraden Gleisabschnitten auf, nämlich fast 60%.

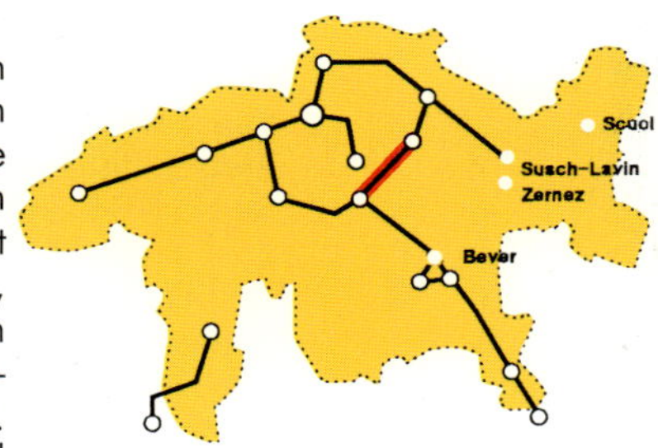

Sowohl im Ober- wie im Unterengadin lassen sich längere Abschnitte fast wie eine Flachbahn planen und bauen. Dies darf nicht darüber hinwegtäuschen, daß es auch im Engadin sehr große Herausforderungen zu bewältigen gilt. Zwischen Cinuos-chel und Zernez, wo der Inn durch die Innschlucht hindurch vom Ober- ins Unterengadin hinunterfällt, müssen an teilweise kaum zugänglichen Stellen sechs größere Viadukte und vier Tunnels erstellt werden. Unterhalb der Bahnstation Guarda führt die Linie durch das Gebiet des geologisch äußerst komplizierten, mit Gipszonen durchsetzten Unterengadinerfensters. Ausgerechnet dort ist der Bau mehrerer teils recht langer Tunnels erforderlich.

Zum verantwortlichen Bauleiter für die Strecke Bever–Zernez, welche die Passage der Innschlucht enthält, wird der bekannte Brückenbauer Hans Studer ernannt. Bauleiter der Strecke Zernez–Scuol, welche in ihrem untersten Teilstück durch das Unterengadinerfenster führt, wird Jakob Zollinger, der seinerzeitig die

Albulabahn durch die Schynschlucht geführt hat.

Im Dezember 1908 beginnen die Arbeiten an den Vortriebsstollen für den Tasna- und den Magnacun-Tunnel im Unterengadin. Es ist nur wenig bekannt, daß es sich bei diesen beiden 2350 und 1909 m langen Tunnels um das zweit- und das drittlängste Bauwerk dieser Art auf dem gesamten RhB-Netz handelt. Im naßen, vollständig zermalmten und verwitterten Bündnerschiefer kommen die Vortriebsarbeiten immer wieder ins Stokken und bereits ausgemauerte Abschnitte verformen sich durch den gewaltigen Bergdruck. Die Bauunternehmungen kämpfen jedoch nicht nur mit dem Berg, sondern auch mit einem äußerst ehrgeizigen Bauprogramm. In großer Eile wird die Stollenbrust vorgetrieben und der Vollausbruch vorgenommen. Zur gleichen Zeit werden weiter hinten die durch den Bergdruck verursachten Schäden repariert. Bald einmal gerät das Bauprogramm durcheinander. Der ursprünglich für September 1912 geplante Eröffnungstermin für die Strecke wird in den Frühling 1913 verschoben. Ende 1912 fehlen im Tasna-Tunnel immer noch 532 m Vollausbruch und 756 m Widerlager. Trotzdem wird der Tunnelbau im April 1913 abgeschlossen. Doch das Eiltempo ist der Qualität der Arbeit wenig förderlich. Sofort muß mit umfangreichen Rekonstruktionsarbeiten begonnen werden. Dies führt zu Streitereien zwischen der RhB-Bauleitung und den beauftragten Unternehmen, da – so die RhB – der Bau äußerst mangelhaft und damit vertragswidrig ausgeführt sei. Sowohl der Tasna- wie der Magnacun-Tunnel bereiten den Verantwortlichen auch heute noch Sorgen. Beide Tunnels sind in der Zwischenzeit mehrmals saniert worden.

Im oberen Bauabschnitt kommen die Arbeiten zunächst planmäßig voran. Die größten Schwierigkeiten ergeben sich erwartungsgemäß zwischen dem großen Inn-Viadukt bei Cinuos-chel und dem Viadukt über das Val Tandermozza unterhalb der Kreuzungsstation Carolina. Es gibt Pläne, die den Inn-Viadukt bei Cinuos-chel mit einem Bogen weniger als in der ausgeführten Variante zeigen. Studers Projektierungsingenieure können am Südufer des Inn gar nie richtig ins spätere Baugelände vordringen. Beim Bau stößt man viel später als erwartet auf stabilen Felsuntergrund, was eine Verlängerung der Brücke erfordert.

Als Zugang zur Baustelle im Val Verda wird hoch über dem Inn eine kühne Seilbrücke gebaut, über die sogar ein Gleis der Baubahn gelegt wird. Diese großartige Konstruktion wird nach der Eröffnung der Bahn vollständig abgebrochen.

Am Abend des 29. August 1911 ereignet sich in der Innschlucht das schwerste Unglück während des Baus aller RhB-Linien: Im Val Mela stürzt das Lehrgerüst des Hauptbogens des in Mauerung begriffenen Viaduktes zusammen. Das tragische Ereignis fordert zwölf Tote und elf Verletzte. Im gleichen Herbst wird ein neues Lehrgerüst aufgestellt, und bereits Ende Juni 1912 wird das Gleis über den fertigen Val Mela-Viadukt gelegt.

Am 1. Juli 1913, rund neun Monate später als ursprünglich geplant, kann die Linie Bever–Scuol-Tarasp eröffnet werden.

Gescheiterte Anschlußprojekte

Mit der Eröffnung der Engadiner Linie ist das RhB-Stammnetz in seinen heutigen Dimensionen fertiggestellt. Dabei wäre die Engadiner Linie eigentlich als erstes Teilstück einer künftigen Verbindung von Landeck nach Chiavenna gedacht. Später, so die damaligen Hoffnungen der RhB, würde die Strecke zum Teilstück einer transkontinentalen Eisenbahnverbindung München–Fernpaß–Landeck–Mailand und damit die Bedeutung einer internationalen Bahnlinie erlangen, an die auch eine von Meran kommende Ofenbergbahn in Zernez Anschluß finden würde.

Der Ausbruch des Ersten Weltkrieges verhindert die Realisierung all dieser Projekte. Holsboers Idee einer Fortsetzung von St. Moritz über Maloja nach Italien ist nie verwirklicht worden. Genauso ist es dem geplanten Meterspuranschluß von Scuol innabwärts über Martinsbruck zum österreichischen Bahnnetz ergangen. Diese Strecke hätte in Pfunds an die Reschenscheideckbahn anschließen sollen. Ironie des Schicksals: Die österreichische Reschenscheideckbahn, die von Landeck nach Mals/Malles ins Vintschgau hätte führen sollen, ist auch nie realisiert worden.

Zeitweise zeigt auch die Bozen-Meran-Bahn Interesse für einen Bahnverbindung mit dem rhätischen Netz. Beim schweizerischen Bundesrat reicht sie ein Konzessionsgesuch für eine Meterspurbahn von der damals österreichisch/schweizerischen Landesgrenze über den Ofenpaß nach Zernez ein. Die Schweizer zeigen für dieses Projekt nur laues Interesse. Die Betriebsführung auf der Ofenbergbahn will man den Österreichern überlassen. Doch selbst für den Anschluß nach Pfunds setzt sich die RhB nur mit halber Kraft ein. Nach dem Ersten Weltkrieg vertritt RhB-Direktor Gustav Bener sogar die Ansicht, er könne sich eigentlich nur eine selbständige Bahngesellschaft Scuol–Landeck außerhalb der RhB vorstellen.

Elektrifizierung

1905 denkt die RhB-Führung im Rahmen des Entscheidungsprozesses für das künftige Lokomotivbeschaffungsprogramm zum ersten Mal ernsthaft über Möglichkeiten der elektrischen Betriebsführung nach. Mangels Erfahrungen mit der elektrischen Traktion auf Hauptbahnen im Gebirge fällt der Entscheid, den Dampfbetrieb vorerst beizubehalten. Gleichzeitig tritt die RhB jedoch der Schweizerischen Studienkommission für den elektrischen Bahnbetrieb bei. Bereits im folgenden Jahr wird beschlossen, die künftige Engadiner Linie von Beginn weg als Versuchsstrecke für den elektrischen Betrieb einzurichten. Auf den Zeitpunkt der Eröffnung der Strecke Bever–Scuol hin werden auch der Abschnitt Bever– St. Moritz der Albulabahn und die Verbindungsstrecke Samedan–Pontresina mit dem Fahrdraht überspannt. Am 1. Juli 1913 beginnt im Engadin der elektrische Versuchsbetrieb mit Wechselstrom 11 kV 16 2/3 Hz. Die Energie wird vorerst ausschließlich aus einem beim Bahnhof Bever erstellten Umformerwerk bezogen.

Schnell zeigt sich, daß die elektrischen 1'D1'-Lokomotiven der Serie Ge 4/6 den G 4/5-Schlepptenderlokomotiven bezüglich Leistungsfähigkeit ebenbürtig sind. Naturgemäß machen sich anfänglich verschiedene Kinderkrankheiten bemerkbar, und es kommt recht oft vor, daß in Bever den Anschluß abwartende Dampflokführer ihre verspäteten „elektrischen" Kollegen mit einem überlegenen Lächeln empfangen. Noch hört man die Ansicht, eine Gebirgsbahn mit Hochspannungsfahrleitungen würde sich nie sicher betreiben lassen und sei dem Dampfbetrieb immer unterlegen. Als 1921 aber die ersten C'C'-Krokodillokomotiven der Serie Ge 6/6 eintreffen, erwärmt sich selbst das Herz der älteren Lokomotivführer für die elektrische Traktion: Eine C'C' vermag bei gleichem Dienstgewicht gleich zwei G 4/5-Dampflokomotiven zu ersetzen.

Die Kohlenknappheit während des Ersten Weltkrieges und die rasche Kohlenverteuerung nach dem Krieg veranlassen die RhB, die Elektrifizierung raschestmöglichst voranzutreiben. Dank Unterstützungsbeiträgen des Bundes und des Kantons kann bereits am 20. April 1919 der elektrische Betrieb auf den steilsten Abschnitten der Albulabahn zwischen Bever und Filisur aufgenommen werden. Nur ein halbes Jahr später ist auch der Abschnitt Filisur–Thusis elektrifiziert und seit dem 1. April 1921 kann die gesamte Strecke von St. Moritz bis Chur durchgehend elektrisch befahren werden. Seit dem 1. Juni 1922 ist das Stammnetz der RhB vollständig elektrifiziert.

Da die RhB aus Kostengründen keine bahneigenen Kraftwerke erbauen und betreiben will und die Leistung des Beverser Umformerwerkes nicht ausreicht, schließt die RhB mit den Bündner und den Rätischen Kraftwerken je einen Stromlieferungsvertrag ab. Diese Verträge sind in angepaßter Form auch heute noch gültig. Heute wird der Fahrstrom für das RhB-Stammnetz in den Kraftwerkzentralen Küblis, Klosters und Sils sowie im neu gebauten Umformer Bever produziert. In Notsituationen kann in Disentis/Mustér Fahrstrom direkt über die FO-Fahrleitung ins RhB-Netz eingespeist werden und in Landquart steht ein der RhB gehörender Not-Trafo, über den Energie aus dem SBB-Netz bezogen werden kann.

Die Engadiner Linie im Lauf der Zeit

Niemand hat voraussehen können, daß sich der Traum von einer meterspurigen Transitbahn durch das Engadin nicht verwirklichen ließe und die Engadiner Linie statt dessen eine Stichbahn bleiben würde. Wäre dieses Schicksal voraussehbar gewesen, hätte die RhB diese Linie wohl kaum gebaut.

Wie bei der Misoxerbahn, deren Situation in mancher Beziehung mit derjenigen der Engadinerbahn vergleichbar ist, bleibt das zu bewältigende Verkehrsaufkommen während vieler Jahre recht bescheiden. Da der Ausbauzustand der elektrifizierten und als durchgehende Verbindungsbahn konzipierten Linie hervorragend ist, läßt sich dieser Verkehr jahrzehntelang auf den auf die Eröffnung hin erstellten Anlagen und mit den seit diesem Zeitpunkt vorhandenen Betriebsmitteln bewältigen. Während vieler Jahre sind – abgesehen von ständigen Sanierungsarbeiten in den problematischen Tunnels im Unterengadinerfenster – keine größeren Investitionen erforderlich. Als im Zusammenhang mit Kraftwerkbauten umfangreiche Gütertransporte einsetzen, genügen die Anlagen der Engadiner Linie weiterhin den an sie gestellten Anforderungen.

Mehr als Rationalisierungsmaßnahme und zur Steigerung der Sicherheit als aus Gründen der Kapazitätssteigerung wird ab 1970 auch im Engadin der Streckenblock eingerichtet. Als erste Teilstrecken werden der meistbefahrene Abschnitt von Bever bis S-chanf sowie – wegen einer zu automatisierenden Bahnschranke – der Abschnitt von Guarda bis Ardez mit dem Block ausgerüstet. 1982 wird der Streckenblock von S-chanf bis Zernez weitergebaut. Erst seit 1985 ist die Engadiner Linie vollständig mit Block ausgerüstet. Seit 1986 kann die gesamte Strecke bis Ardez vom Stellwerk Samedan aus ferngesteuert und -überwacht werden. Nur noch der Endbahnhof Scuol-Tarasp wird heute für jeden Zug örtlich bedient.

Als Folge dieser Maßnahmen läßt sich der Betrieb im Engadin heute sehr rationell abwickeln. Auch auf dieser Strecke bietet die RhB Regionalzugverbindungen im Stundentakt an. Für den bescheidenen Güterverkehr genügen ein bis zwei Güterzugspaare pro Tag.

Die für das Jahr 2000 geplante Eröffnung der Vereinalinie wird das Betriebsgeschehen im Engadin verändern. Bereits jetzt verkehren umfangreiche Materialtransporte zum und vom Baubahnhof Sagliains, der auf dem Areal des künftigen Autoverladebahnhofs Susch-Lavin errichtet worden ist. Nach der Inbetriebnahme des Vereina-Tunnels wird die Unterengadiner Strecke zusätzlich durch die Züge der neuen Verbindung Landquart–Scuol-Tarasp befahren. Die über Kapazitätsreserven verfügende Engadiner Linie wird aber auch zur Entlastung der hochbelasteten Albulalinie herangezogen, indem Züge aus dem Oberengadin ins Churer Rheintal über Bever– Susch-Lavin–Vereina nach Landquart geleitet werden. Die weitere Zukunft der Engadiner Linie ist damit gesichert. Würde die Vereinabahn nicht gebaut, wären ernsthafte Zweifel an der weiteren Existenzberechtigung der doch recht schwach befahrenen Engadiner Linie angebracht.

Oben: Der Val Mela-Viadukt kurz vor der Fertigstellung. Unter der Brücke liegen noch Trümmerteile des ersten Lehrgerüstes, das am 29. August 1911 zusammengestürzt war.

Unten: Der Val Verda-Viadukt liegt zwischen den beiden Brail-Tunnels auf der schwer zugänglichen rechten Innseite. Als Zugang zur Baustelle erbaute Richard Coray den im Vordergrund sichtbaren Hängesteg, über den sogar Lorengleise führten.

Oben: Der Engadin Ski Marathon ist bezüglich der Teilnehmerzahl das größte sportliche Ereignis in der Schweiz. Mitte März, am Ende der Wintersaison, laufen jeweils rund 15 000 Sportler die knapp 50 km lange Strecke von Silvaplana nach Zuoz. Die RhB sorgt mit zahlreichen Extrazügen für den Transport der Aktiven und der vielen Zaungäste. Zieleinlauf bei Zuoz, 14. März 1993.

Unten: Gleich neben der Station la Punt-Chamues-ch liegt eine 1680 erbaute Barockkirche mit eingezogenem Chorpolygon im Turm. Darüber erhebt sich der Piz d'Esan. 24. 2. 1979

Rechte Seite: Die Ge 4/6 (1'D1') 353 aus dem Jahr 1914 befindet sich auch heute noch im Bestand der RhB und wird im Depot Samedan mit viel Liebe gepflegt. Am 9. Februar 1979 ist die rüstige Veteranin mit einem Spurpflug zwischen S-chanf und Zuoz unterwegs.

Linke Seite oben: Eindrückliches Engadiner Panorama unterhalb der Station la Punt-Chamues-ch: Links oben ist die Burgruine Guardaval zu erkennen, rechts unten die Ortschaft Madulain und darüber der Piz d'Esan.
26. 10. 1989

Linke Seite unten: Die Ge 6/6I (C'C') 405 (Baujahr 1921, ausrangiert 1984) ist mit einem Regionalzug von Zuoz nach S-chanf unterwegs. 22. 7. 1979

Dampfextrazug Scuol-Tarasp–St. Moritz, geführt von der G 4/5 108, vor der Kulisse des Piz d'Esan in S-chanf. 22. 7. 1979

Die umgebaute Ge 4/4I 608 „Madrisa“ führt am 18. August 1988 einen Güterzug über das Val Mela-Viadukt zwischen Carolina und Cinuos-chel-Brail. Beim Einsturz des Lehrgerüstes für diese Brükke ereignete sich am 29. August 1911 ein schweres Unglück.

Rechte Seite: Der von Scuol-Tarasp her kommende Triebwagen ABe 4/4 504 überquert den zwischen den beiden Brail-Tunnels gelegenen Val Verda-Viadukt. 5. 8. 1980

621

Linke Seite: Links neben dem Portal des Sasslatsch-Tunnels wird der Verbindungstunnel zum Vereina-Tunnel abzweigen, welcher direkte Zugverbindungen zwischen dem Oberengadin und dem Prättigau ermöglichen wird. Am 18. August 1988 waren die Bauarbeiten noch nicht im Gang.

Die Ge 6/6I (C'C') 415 führt einen Stückgüterzug von Susch nach Lavin. Vor der Lok ist eine der früher für die RhB charakteristischen Hipp'schen Wendescheiben erkennbar. Heute sind alle Signale dieses Typs durch Lichtsignale ersetzt. Bei diesen mechanischen Signalen wurde die Blechscheibe um 90 Grad um eine vertikale Achse gedreht. 19. 10. 1979

Oben: Ardez ist ein besonders schön erhaltenes Engadiner Dorf. ABe 4/4 504, 6. 8. 1980

Unten: Wahrzeichen des Unterengadins ist das märchenhafte Schloss Tarasp, das im halbrechten Bildrand zu erkennen ist. Darüber erhebt sich der Piz Lischana. Die Ge 6/6II 702 „Curia" bringt mit dem ABe 4/4 503 einen Regionalzug von Ftan nach Ardez.

Rechte Seite: Der Viadukt über das Val Püzza liegt weit unterhalb des Dorfes Ftan. 27. 10. 1989

Von Mesocco her trifft der ABDe 4/4 454 (Baujahr 1909, 1988 ausrangiert und an Eisenbahnfreunde verkauft) in Grono ein (oben). Im unteren Teil des Misox ist das Verkehrsaufkommen wesentlich größer, weshalb im Bahnhof Grono zusätzliche Personenwagen angehängt werden (unten). Beide Aufnahmen sind am 23. Mai 1972 entstanden, vier Tage vor der Umstellung des Personenverkehrs auf die Straße. Das im Misox eingesetzte Rollmaterial mag wohl sehr romantisch wirken, war für die Benutzer jedoch alles andere als attraktiv.

Die Misoxerbahn

An den Eröffnungsfeiern für die damals selbständige Misoxerbahn waren die Festredner davon überzeugt, daß lediglich ein erstes Etappenziel erreicht war: Die Strecke sollte einmal Teil einer alpenquerenden Verbindung zwischen dem Tessin und Nordbünden werden. Die Bernhardinbahn ist jedoch nie gebaut worden, und die für die Misoxerbahn Verantwortlichen haben in der Folge ständig um das Überleben ihrer Bahn kämpfen müssen. Dieser Kampf ist trotz gründlicher Expertisen, ausgereifter Vorschläge und der Fusion mit der RhB in jeder Hinsicht verloren gegangen. Wohl wird heute immer noch auf dem 14 km langen Rumpfstück zwischen Castione-Arbedo und Cama ein sehr beschränkter Güterverkehr auf der Schiene abgewickelt. Es ist zu hoffen, daß dieser traurige, unwürdige Restbetrieb baldmöglichst eingestellt wird.

Das Moesano bildet den südlichsten Teil Graubündens. Geografisch scheint dieses aus dem Haupttal Misox (italienisch: Valle Mesolcina) und dem bei Grono ausmündenden Calancatal bestehende Gebiet eher zum Kanton Tessin als zu Graubünden zu gehören. Die beiden Gebirgstäler sind aber bereits seit Jahrhunderten Teil Graubündens.

Durch das Misox führt der südliche Zugang zum schon in vorrömischer Zeit begangenen San Bernardino-Paß. Es erstaunt deshalb nicht, daß bereits in der ersten Hälfte des 19. Jahrhunderts über den Bau einer Bahnverbindung über diesen Paß nachgedacht wird. Die San Bernardino-Projekte haben jedoch selbst gegenüber Bündner Konkurrenzprojekten über den Lukmanier- und den Splügenpaß einen schweren Stand.

Eine Meterspurbahn über den San Bernardino-Paß?

1898, 16 Jahre nach der Eröffnung der Gotthardbahn, konstituiert sich im Misox ein Initiativkomitee für den Bau einer Bahnverbindung durch das Tal. Längerfristig – so die Vision der Initiatoren – soll diese Talbahn zu einem Bestandteil einer rund 100 km langen Verbindung zwischen Bellinzona an der Gotthardbahn einerseits und Thusis an der Albulabahn andererseits werden. Schienen über den San Bernardino-Paß würden das Tal aus seiner Isolation führen.

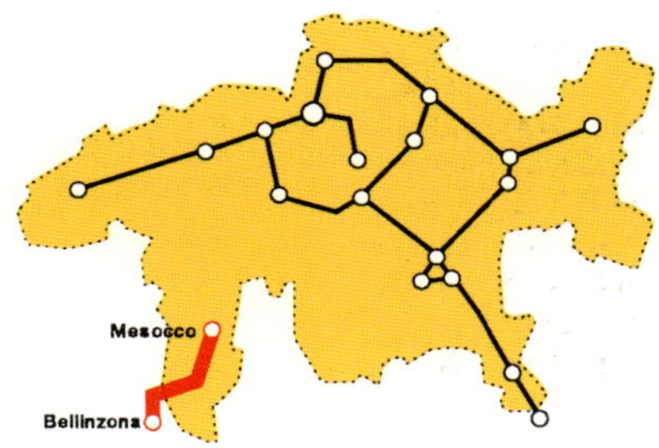

Die Initiatoren wissen, daß das ehrgeizige Projekt ihre Kräfte bei weitem übersteigt. Folglich muß etappiert werden: In einer ersten Etappe soll die Teilstrecke aus dem Tessin bis Mesocco gebaut werden. In einer zweiten Etappe soll die Bahn bis zum Kurort San Bernardino weitergebaut, in einer dritten Etappe schließlich das schwierigste Teilstück über den Paß und durch das Hinterrheintal hinunter nach Thusis erstellt werden.

Aus Kostengründen wird anfänglich gar an den Bau einer Straßenbahn gedacht, die zudem statt in der Tessiner Hauptstadt Bellinzona erst im nördlich gelegenen Castione beginnen und von dort aus auf dem direktesten Weg ins Misox führen soll. Damit – so die Überlegung – lassen sich hohe Kosten für den Landerwerb einsparen.

Die erste Etappe...

1899 erteilt Bern die Konzession für eine Straßenbahn ins Misox. 1905 wird diese glücklicherweise abgeändert: In einer ersten Etappe soll durchgehend ab Bellinzona bis Mesocco eine Nebenbahn auf eigenem Bahnkörper und ohne Benutzung der Straßen erstellt werden. Ohne Anschluß an den Verkehrs- und Wirtschaftsmittelpunkt Bellinzona hätte die Bahn wohl von Beginn weg keine Entwicklungsmöglichkeiten gehabt.

Vorerst soll die Bahn damit den Bedürfnissen der Talbevölkerung wie auch – zu einem gewissen Teil – dem Vorortverkehr der Tessiner Hauptstadt Bellinzona dienen. Da eine Bahn von Bellinzona lediglich bis Mesocco keine Rendite erwarten läßt, ist die Finanzierung nicht einfach. Diese erfolgt vorwiegend durch die öffentliche Hand, wobei sich außer den beiden Kantonen Graubünden und Tessin die Gemeinden des Misox, des Calancatales, im Hinblick auf die geplante Fortsetzung aber auch diejenigen des Hinterrheintales kräftig beteiligen. Welch große Hoffnungen muß dieser Bahnbau ausgelöst haben.

Die im Hinblick auf das San Bernardino-Projekt eng angelehnt an die Normalien der Rhätischen Bahn gebaute Ferrovia elettrica Bellinzona–Mesocco, abgekürzt BM, nimmt bereits 1907 den Betrieb auf. Als erste schweizerische Meterspurbahn ist sie mit Gleichstrom 1500 V elektrifiziert, wobei die Energieversorgung ab dem bahneigenen Kraftwerk Cebbia erfolgt.

Bedauerlicherweise erweist sich die gewünschte Einführung in den Bahnhof Bellinzona der Gotthardbahn wegen Platzmangels als vorerst nicht realisierbar. Die BM betreibt deshalb rund 500 m vom Hauptbahnhof Bellinzona entfernt eine als Provisorium betrachtete eigene Station, deren ungünstige Lage sich später als fataler Nachteil erweisen sollte.

...bleibt die letzte Etappe

Als Regionalbahn darf die Misoxerbahn für sich lediglich in Anspruch nehmen, für den allgemeinen Verkehr der von ihr bedienten Region von erheblicher Bedeutung zu sein. Von besonderer nationaler oder militärischer Bedeutung ist sie jedoch nicht. Indem sie eine bequeme Verbindung mit dem Tessin und der Gotthardbahn sichert, leistet sie jedoch einen wichtigen Beitrag zur wirtschaftliche Entwicklung des Misox. Während im Calancatal die Bevölkerung stetig zurückgeht, kann diese Entwicklung im Misox wenigstens während der ersten Hälfte des 20. Jahrhunderts aufgehalten werden.

Wie nicht anders zu erwarten, bleibt das Verkehrsaufkommen in der kaum industrialisierten Talschaft sehr bescheiden. Der rauhe Alltagsbetrieb auf der BM verursacht aber hohe Kosten. 1912, nur fünf Jahre nach der Betriebsaufnahme, müssen der Kanton Graubünden sowie die Gemeinden Mesocco, Soazza und Lostallo die Bahn finanziell sanieren.

Allen Widrigkeiten zum Trotz wird das Projekt der San Bernardino-Bahn nach dem Ersten Weltkrieg weiter bearbeitet. 1923 reicht die BM ein Konzessionsgesuch für eine zirka 60 km lange Fortsetzungsstrecke von Mesocco nach Thusis ein. Gemäß Detailprojekt liegt der Kulminationspunkt der Strecke auf über 1600 m ü.M. in einem Scheiteltunnel. Die steile Südrampe soll durch mehrere Kehrtunnels erklommen werden. Auf der Nordseite sind längere Tunnels in der Roffla- und der Viamala-Schlucht erforderlich.

1926, drei Jahre nach dem Konzessionsgesuch für die Bernhardinbahn, erwägt die BM eine Einführung ihrer Strekke in den SBB-Bahnhof von Bellinzona. Aus heutiger Sicht etwas kurios erscheint die Idee, zwischen Bellinzona und Locarno Meterspurpersonenwagen auf normalspurigen Rollschemeln zu transportieren, um umsteigefreie Verbindungen zwischen

Nordbünden und der Tessiner Touristenmetropole anbieten zu können.

1931 schließt die BM mit den SBB einen Vertrag ab über eine Verlegung sowohl der SBB- wie auch der BM-Linie zwischen Arbedo und Bellinzona sowie den Bau eines neuen BM-Endbahnhofes beim SBB-Bahnhof Bellinzona. Der Bahnhof von Castione-Arbedo dient zwar seit der Eröffnung der BM-Linie sowohl den SBB wie auch der Misoxerbahn. Als Umsteigeort für den Personenverkehr ist diese von allen Schnellzügen durchfahrene Station sehr unattraktiv, und auch für den Güterumlad ist die Station nicht optimal. Die Leitung der BM hegt berechtigte Hoffnungen, nach der Einführung ihrer Linie in den SBB-Bahnhof einen guten Teil des in der Zwischenzeit an die Straßenkonkurrenz verlorenen Talschaftsverkehrs zurückgewinnen zu können.

Während der Wirtschaftskrise der dreißiger Jahre wird die Linienverlegung bei Bellinzona immer wieder als mögliche Arbeitsbeschaffungsmaßnahme diskutiert, in der Folge aber trotzdem nicht in Angriff genommen. Die Chancen für die Realisierung der Bernhardinbahn sind in der Zwischenzeit auf den Nullpunkt abgesunken. Die bestechende Idee, die Misoxerbahn bis Thusis zu verlängern und damit zu einer durchgehenden Transversalen aufzuwerten, erweist sich als zu teuer und zu ehrgeizig.

Überlebenskampf: 1. Runde

Zur gleichen Zeit zeigt sich in immer stärkerem Ausmaß, daß sich die wegen fehlender finanzieller Mittel vernachläßigten Anlagen und Betriebsmittel in schlechtem Zustand befinden. Die Bahn, vor kurzem noch Hoffnungsträgerin, ist zum Sanierungsfall geworden. 1939 legen die Führungskräfte der BM ein mit einer finanziellen Sanierung gekoppeltes Erneuerungsprogramm für ihre Bahn vor. Wenn nichts geschieht, steht die Misoxerbahn vor dem Ende!

Unter dem Eindruck dieses Notrufs erteilt die Regierung des Kantons Graubünden drei ausgewiesenen Fachleuten aus dem RhB-Umfeld den Auftrag zur Erarbeitung eines Gutachtens über die Zukunft der Misoxerbahn. Erstmals wird über eine mögliche Betriebsumstellung auf Autobusbetrieb nachgedacht, wobei die Experten eine solche Lösung jedoch sehr klar verwerfen. Statt dessen empfehlen sie eine Fusion der BM mit der RhB, der eine umfassende Sanierung der Strecke Castione–Mesocco vorangehen soll. Die Strecke Castione–Bellinzona samt der Einführung in den dortigen SBB-Bahnhof soll endlich gebaut werden. Da nach Meinung der Experten ohnehin neue Triebfahrzeuge beschafft werden müssen, wird ein Umbau der Bahnstromversorgung auf das bei der RhB übliche Einphasen-Wechselstromsystem 11 kV 16 2/3 Hz vorgeschlagen. Das ebenfalls zu sanierende bahneigene Kraftwerk Cebbia soll künftig Bahnstrom erzeugen und diesen sowohl an die Misoxerbahn wie auch an die SBB liefern. In sehr detaillierter Form wird darüber hinaus ein zukunftsweisendes Betriebskonzept für die sanierte Bahn vorgelegt, das unter anderem sogar die einmännige Führung von Personenzügen vorsieht. Es ist in der Tat beachtlich, daß bei der RhB bereits Ende der dreißiger Jahre über den kondukteurlosen Bahnbetrieb nachgedacht wird.

Im Zuge der Bündner Privatbahnsanierung übernimmt die RhB per 1. Januar 1942 die marode Misoxerbahn. Die durch den Bund und die Kantone Graubünden und Tessin für die Sanierung der Bahn zur Verfügung gestellten Mittel reichen jedoch gerade für die Sanierung von Ober- und Unterbau. Die Einführung in den SBB-Bahnhof von Bellinzona wird so wenig realisiert wie der Umbau des Stromsystems. Da keine neuen Triebfahrzeuge angeschafft werden können, werden die aus der Eröffnungszeit der Bahn stammenden Triebfahrzeuge modernisiert und besorgen weiterhin den gesamten Verkehr. Um das Sitzplatzangebot in den

Spitzenzeiten zu erhöhen, werden alte RhB-Personenwagen vom Stammnetz ins Misox verschoben.

Geografisch und technisch vom restlichen RhB-Netz abgetrennt wird der Inselbetrieb im Misox zum sonderlichsten Glied im weitverzweigten RhB-Netz. Die Inspektoren aus Chur benützen für ihre Besuche im Misox im Sommer jeweils die Postautos über den San Bernardino-Paß. Im Winter wählen sie den langen Umweg über den Gotthard. Die durch die RhB bereitgestellten Investitionsmittel für die frühere BM werden weitgehend für dringendst notwendige Erhaltungsarbeiten absorbiert.

Die einzige größere Neuinvestition in die Misoxerbahn bildet 1955 die Einführung des Rollschemel-Betriebes. Seither können Güter auf normalspurigen Wagen direkt ins Misox hinein oder aus dem Tal heraus transportiert werden. Besonders zwischen Castione und den Valmoesa-Werken unterhalb von San Vittore nimmt der Güterverkehr zeitweise beachtliche Dimensionen an. 1957 läßt die RhB ein neues Triebfahrzeug speziell zur Bewältigung des Güterverkehrs auf der Misoxerlinie bauen. Hierbei sollte es sich um das einzige durch die RhB ausschließlich für die Misoxerlinie beschaffte Triebfahrzeug handeln.

Überlebenskampf: 2. Runde

Anfangs der sechziger Jahre beginnen erneut Diskussionen über eine Einstellung des Misoxer Bahnbetriebs. Das Rollmaterial ist nach 60 Betriebsjahren mehrheitlich schrottreif, die Fahrleitung befindet sich in einem erbärmlichen Zustand, und schließlich tangiert die Bahn an mehreren Stellen das Trassee der geplanten Autobahn N 13 durch den San Bernardino.

Die in Chur sitzende Direktion der RhB kämpft jedoch mit Vehemenz für eine Erhaltung ihrer Linie durch das Misox. In der zweiten Hälfte der sechziger Jahre erarbeiten die beiden Chefbeamten Josef Hardegger (späterer Direktor der Appenzeller Bahnen) und Franz Skvor ein beachtenswertes Konzept für die Sanierung der Linie. Schließlich – so ihre Erkenntnis – gibt es keine andere RhB-Teilstrecke, welche in ähnlich idealer Weise mitten durch die Dorfzentren verläuft wie gerade diese Linie. Als zeitgemäß betriebene und für die Talbewohner attraktive Bahn müßte die Strecke überlebensfähig sein! Doch der Handlungsbedarf ist enorm. Die beiden Fachleute durchleuchten sämtliche Aspekte und zeigen sehr detailliert die erforderlichen Maßnahmen auf: Sanierung des Unterbaus, des Oberbaus, der Fahrleitung, der Energieversorgung, Bau von Sicherungsanlagen, neues Rollmaterial in der Form von Pendelzügen, künftige Angebots-Strukturen, und so weiter.

Als erste Konsequenz aus dieser Analyse gibt die RhB im Rahmen einer Bestellung von Einheits-Personenwagen den Bau einiger für die Misoxerlinie bestimmter Wagen in Auftrag. Die Misoxer Teilserie soll im Hinblick auf später zu bauende Triebwagen gleich als Steuerwagen gebaut werden. Die Verfasser der Expertise drängen darauf, die Wagen möglichst schnell einsetzen zu können. Damit wird sich der Reisekomfort und damit die Attraktivität der Bahn gleich spürbar verbessern lassen. Die für die große Mehrheit der nicht der Eisenbahnkrankheit verfallenen und damit „normalen" Reisenden denkbar unattraktiven Uralt-Zweiachser sollen möglichst schnell aus dem Alltagsbetrieb verschwinden.

Es ist eine Tatsache, daß in der Folge ein Beamter des Eidgenössischen Amtes für Verkehr in seiner Funktion als der RhB vorgesetzte Aufsichtsperson eingreift. Mit der Begründung, Bern habe noch keine Triebwagen für die Misoxerbahn bewilligt, wird die RhB gezwungen, die Bestellung von Steuerwagen in eine solche für normale Personenwagen abzuändern.

In Bern sind die Würfel ohnehin schon längst gefallen. Im Frühjahr 1971 gibt der schweizerische Bundesrat das Verdikt bekannt: Im Misox soll der Personenverkehrs von der Schiene auf die Straße verlagert werden. Lediglich der Güterverkehr soll vorerst weiter auf der Schiene bleiben. Da sich dieser zur Hauptsache auf das untere Misox beschränkt, verspricht der Bundesrat den Misoxern der Bau eines normalspurigen Güteranschlußgleises von Castione bis Grono. Nach dessen Inbetriebnahme – so heißt es – sollen die verbleibenden Reste der Bahn endgültig abgebrochen werden.

Die zu diesem Zeitpunkt bereits im Bau befindlichen Personenwagen für die Misoxerlinie werden in der Folge für den Einsatz auf der Berninalinie ausgerüstet. Dort stehen sie auch heute noch im Einsatz.

Im Mai 1972 ist die gesamte Talschaft auf den Beinen, um nochmals mit der lieben, aber vorher leider schlecht frequentierten Bahn zu fahren. Am 27. Mai 1972 fahren die letzten Personenzüge. Die 3,5 km lange Teilstrecke Bellinzona–Castione-Arbedo wird gleich danach aufgehoben und abgebrochen. Die restliche, rund 28 km lange Strecke bleibt jedoch vollständig erhalten, obwohl sich der Güterverkehr auf die unteren rund zehn Streckenkilometer konzentriert. Die Depot- und Werkstättenanlagen der Bahn befinden sich jedoch am oberen Ende der Linie in Mesocco. Spötter sprechen deshalb von der längsten Depotzufahrt in der Schweiz.

Überlebenskampf: Letzte Runde

In der Nacht vom 7. auf den 8. August 1978 verursacht ein fürchterliches Unwetter schwere Schäden im Misox. Die 15 km lange Teilstrecke Cama–Mesocco wird besonders stark in Mitleidenschaft gezogen und in der Folge nicht mehr aufgebaut. Die RhB zügelt die Einrichtungen für den Unterhalt der verbliebenen Fahrzeuge von Mesocco nach Grono, wo in einer leerstehenden Fabrikhalle eine neue Unterhaltswerkstätte eingerichtet wird. Die offizielle Aufhebung der Bergstrecke Cama–Mesocco erfolgt am 9. Dezember 1979, wonach auch die vom Unwetter verschonten Reste der Bahn abgebrochen werden.

Auch heute noch wickelt die RhB auf dem 14 km kurzen Rumpfstück von Castione-Arbedo bis Cama den Güterverkehr auf der Schiene ab. Die Konzession dafür ist 1983 durch das Bundesamt für Verkehr bis Ende 2030 verlängert worden. 1987 sind jedoch die Valmoesa-Werke, einst bedeutendster Industriebetrieb im Tal und einziger wirklich wichtiger Güterkunde der RhB im Misox, stillgelegt worden.

Nur noch sehr selten verkehrt heute im unteren Misox ein Güterzug. Die RhB beschäftigt auf der Strecke aber immer noch Bedienstete, von denen sich ein Teil im Auftrag der Churer RhB-Verwaltung mit der Erstellung von unwichtigen Statistiken beschäftigt. Man kann sich nur wünschen, daß dieser sinnlos und unwürdig gewordene Betrieb möglichst schnell eingestellt wird. Von politischer Seite wird jedoch mit scheinheiliger Heftigkeit dagegen opponiert, angeblich weil das vom Bundesrat versprochene normalspurige Gütergleis ins Misox bisher nicht gebaut worden ist. In den über zwei Jahrzehnten seit dem bundesrätlichen Versprechen haben sich die Rahmenbedingungen jedoch derart umfassend geändert, daß der Nutzen einer solchen Linie in jeder Beziehung fraglich geworden ist. Darüber besteht selbst bei den heftigsten Opponenten gegen eine Bahneinstellung weitgehende Einigkeit. Das gutgemeinte bundesrätliche Versprechen ist somit in der Hand lokaler und kantonaler Politik-Größen zu einem Pfand geworden, das irgendwann einmal in irgendwelchen Verhandlungen eingelöst werden soll. Noch ist man sich im Moesano aber nicht einig, welchen Kuhhandel man anstreben will. Weitgehende Einigkeit besteht lediglich darüber, daß das Gütergleis außer Rang und Traktanden gefallen ist.

Oben: Es ist mehrmals vorgekommen, daß ältere Triebwagen der Appenzellerbahn mietweise im Misox eingesetzt wurden. 1971/72 stand der ABe 4/4 41 (Baujahr 1933) im Dienst der RhB. Soeben ist er vor einem der letzten Reisezüge in Bellinzona eingetroffen. 23. 5. 1972

Unten: Heute kaum mehr vorstellbar: Transport von Frischmilch in Kannen per Bahn. Grono, 23. 5. 1972

Oben: Vom Misox her kommend hat der ABDe 4/4 454 die auf Tessiner Boden gelegene Ortschaft Castione erreicht. 11. 1. 1980

Unten: Von Lumino aus ist es nicht mehr weit bis zur Kantonsgrenze zwischen dem Tessin und Graubünden. Der ABe 4/4 42 der Appenzellerbahn stand Anfang 1980 während einiger Monate in RhB-Diensten. Im April 1987 gelangte der bei der Appenzellerbahn inzwischen überzählig gewordene Triebwagen erneut ins Misox, wo er voraussichtlich seine Laufbahn beenden wird. 5. 4. 1980

Oben: Am 25. April 1980 führt der ABDe 4/4 454 diesen prächtigen Güterzug durch Lumino. Die vier im Zugverband eingereihten Silowagen sind längst auf das RhB-Stammnetz zurückgekehrt.

Unten: Das 1987 stillgelegte Valmoesa-Werk in San Vittore ist inzwischen vollständig abgebrochen worden. Am 5. April 1980 beschäftigt sich der ABe 4/4 42 der Appenzellerbahn mit dem Aufschemeln von Normalspur-Güterwagen. Die untereinander gekuppelten Wagen sind mit einem Stahlseil mit dem Meterspur-Triebfahrzeug verbunden.

Rechte Seite: Seit der Einstellung des Personenverkehrs wird der verbliebene Güterverkehr in der Regel vom 1957 abgelieferten BDe 4/4 491 abgewickelt. Das Fahrzeug ist das einzige von der RhB ausschließlich für die Misoxerlinie beschaffte Triebfahrzeug! Es weist große Ähnlichkeiten mit den Triebwagen der Aroserlinie auf. Castione-Arbedo, 23. 11. 1979

40

Über den Berninapaß

Die Berninabahn verbindet das Oberengadin über den 2253 m hohen Berninapaß mit dem Puschlav (italienisch: Val Poschiavo) und dem Veltlin. Sie ist die einzige schweizerische Bahnlinie, die ohne Scheiteltunnel über den Alpen-Hauptkamm führt. Die lange Zeit einstellungsgefährdete Linie erlebt seit den sechziger Jahren einen ständigen Aufschwung. Die Bernina-Express-Züge werden heute jährlich von einer halben Million Gästen aus aller Welt frequentiert. Zu Recht gilt die Reise mit diesem Zug als eine der kontrastreichsten und schönsten Bahnfahrten. Auch der Güterverkehr über den Berninapaß hat ungeahnte Dimensionen angenommen. Aus Graubünden werden große Mengen von Rundholz und Vieh nach Italien exportiert, während umgekehrt flüßige Brenn- und Treibstoffe von Tirano her in die Schweiz gelangen.

Das Puschlav wird auch „Valle perduta", verlorenes Tal, genannt. Sehnlichst wünschen sich die Puschlaver, die seit Jahrhunderten nach Norden orientierten und italienischsprechenden Bewohner des ebenso abgelegenen wie schönen Bündner Südtales, bessere Verkehrsverbindungen zu den übrigen Teilen des Kantons. Doch zwischen dem Puschlav und dem Engadin liegen die Schnee- und Eisregionen des Berninamassivs. Die zu überwindenden Höhenunterschiede sind enorm: der tiefste Punkt des Puschlav bei der schweizerisch/italienischen Landesgrenze unterhalb von Campocologno liegt auf 520 m ü.M., die benachbarte Stadt Tirano im milden Veltlin liegt gar noch 100 Höhenmeter tiefer. Der Weg nach Norden führt über den Berninapaß, dessen tiefste Stelle weit oben auf 2253 m ü.M. liegt, dort, wo der Winter acht Monate lang dauert. Die Luftdistanz zwischen der Landesgrenze und der Paßhöhe beträgt nur gerade 25 km.

Die Überwindung derartiger Höhenunterschiede in einem derart steilen Gelände stellt höchste technische Anforderungen. Ein Bahnanschluß nach Norden wird wohl kaum realisierbar sein, da neben unzähligen technischen auch ebenso viele wirtschaftliche Gründe gegen ein derart kühnes Vorhaben sprechen.

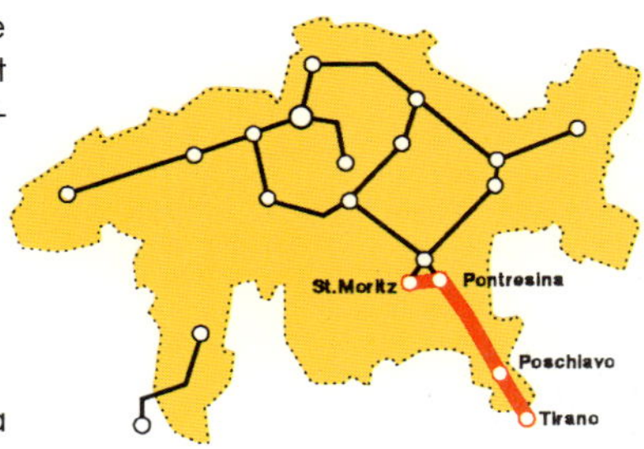

Eine unmögliche Idee...

Als Alt-Bundesrat Numa Droz all dieser Unmöglichkeiten zum Trotz den Bau einer Bahnverbindung über den Berninapaß anregt, schütteln die Puschlaver zunächst einmal ungläubig die Köpfe. Wie staunen sie aber erst, als bekannt wird, daß gleich zwei Firmen unabhängig voneinander unterschiedliche Bauprojekte für eine Berninabahn erarbeiten. Die Projektverfasser denken jedoch nicht primär an das Wohl der Bewohner des verlorenen Tales. Eine nur im Sommer zu betreibende Touristenbahn, so spekulieren sie, verspricht ein lukratives Geschäft. Darüber hinaus werden ihre Bemühungen aber auch durch Spekulationen über die Zuteilung der Nutzungsrechte an den in reichem Maße vorhandenen Wasserkräften im steilen Tal motiviert. Die in den zwanziger Jahren vollendete mehrstufige Anlage der Kraftwerke Brusio AG sollte später denn auch

Bei Alp Grüm bieten sich großartige Blicke auf den Palü-Gletscher. Der abgebildete Zug bringt gesömmertes Alpvieh zurück ins Unterland. 26. 10. 1989

zum weltweit größten Kraftwerksystem seiner Epoche werden.

1899 wird einer Zürcher Ingenieurfirma je eine schweizerische und eine italienische Konzession für eine Berninabahn, abgekürzt BB, erteilt. Doch vorerst erweist sich das spekulative Projekt als nicht finanzierbar. Der Kanton Graubünden will sich an diesem riskanten Unternehmen nicht beteiligen. 1906 gelingt es einem aus Engländern, Italienern und Schweizern bestehenden Konsortium, die Basler Eisenbahnbank als Kapitalgeberin zu gewinnen. Im gleichen Jahr beginnen die Bauarbeiten unter der Oberbauleitung des Holländers Dirk Nachenius, dem späteren ersten Direktor der Berninabahn.

...wird realisiert

Die von Beginn weg elektrisch mit Gleichstrom 750 V (später auf 1000 V erhöht) zu betreibende Bahn wird konsequent als Touristenbahn für reinen Sommerbetrieb konzipiert, weshalb die Linienführung im Gegensatz zu derjenigen der Albulabahn wo immer möglich den Naturschönheiten angepaßt wird. So wird nicht etwa die bestimmt einfachere Linienführung der Paßstraße zwischen Ospizio Bernina und Poschiavo über La Rösa gewählt, sondern die bedeutend schwierigere Variante über Alp Grüm und das Hochplateau von Cavaglia. Eine Variante mit einem Scheiteltunnel wird nicht nur aus wirtschaftlichen Überlegungen verworfen, sondern auch mit der Begründung, durch die Unterfahrung der schönsten Aussichtspunkte würde die Bahn als Touristenbahn entwertet.

Technisch ist die Berninabahn ein Meisterwerk ohne Vergleich. Von St. Moritz bis Tirano mißt die Strecke insgesamt 60,7 km. Obwohl ein großer Teil der Strecke mit einem Gefälle von 70 Promille gebaut wird, zwingen die enormen Höhenunterschiede die Erbauer besonders auf der Südrampe zur Anlegung komplizierter Schleifenentwicklungen.

1908 werden die ersten Teilstücke der BB eröffnet. Ende des Jahres sind der Abschnitt von Celerina Staz bis Bernina Suot auf der Nordseite und die Strecke Poschiavo–Tirano auf der Südseite fertiggestellt. In Tirano enden die Berninazüge in einem Gemeinschaftsbahnhof, den die BB zusammen mit der Ferrovia Alta Valtellina (FAV, 1968 an die Staatsbahn FS übergegangen) betreibt. Bereits 1910, nur zwei Jahre nach der Eröffnung der ersten Teilstrecken, steht die Berninabahn durchgehend in Betrieb.

Aus rechtlichen Gründen kann die Berninabahn das kurze auf italienischem Territorium gelegene Streckenstück nicht selber betreiben. Zudem befindet sich die italienische Konzession von 1899 immer noch im Besitz der Zürcher Ingenieurfirma. Die BB einigt sich deshalb mit der Konzeßionsinhaberin, worauf die italienische Teilstrecke in deren Namen gebaut und anschließend an die BB verpachtet wird. 1929 werden die Rechte auf die neu gegründete Tramvia Tirano–Campocologno übertragen, die vollständig in italienischem Eigentum ist. Bis 1949 bleibt die TTC für den Betrieb und Unterhalt des Streckenstücks zuständig. Am 1. Januar 1950 fusioniert die TTC mit der RhB, der Rechtsnachfolgerin der BB. Erst seit diesem Zeitpunkt befindet sich die Berninalinie vollständig in schweizerischem Besitz.

Aufnahme des Winterbetriebes

Zu Beginn der ersten Wintersaison 1908/09 wird auf den nördlich des Paßes bereits in Betrieb stehenden Streckenabschnitten der Betrieb eingestellt. Entgegen der ursprünglichen Planung wird die Teilstrecke Poschiavo–Tirano jedoch auch während des Winters befahren. Die Erfahrungen sind gut. Schon im zweiten Betriebsjahr rückt deshalb die Frage ins Zentrum, ob überhaupt und in welchem Umfang ein ganzjähriger Betrieb auch auf den Bergstrecken möglich wäre. Obwohl ortskundige Personen auf den hochalpinen Streckenteilen jeden Eisenbahnbetrieb vom Spätherbst bis in den Frühling für undurchführbar halten, bleibt während der Wintersaison 1909/10 versuchsweise auch die nördliche Bergstrecke bis Ospizio Bernina in Betrieb. Zur gleichen Zeit beschafft die BB die erste ihrer beiden selbstfahrenden Dampfschneeschleudern. Im darauffolgenden Winter, als die Strecke St. Moritz–Ospizio Bernina wiederum durchgehend betrieben wird, leistet die Schleuder hervorragende Dienste. Jetzt fällt der Entscheid: Die BB strebt einen durchgehenden Jahresbetrieb auf ihrer gesamten Strecke an. 1912 wird die zweite Dampfschneeschleuder abgeliefert.

Im Winter 1911/12 bleibt die gesamte Berninastrecke mit Ausnahme des besonders stark exponierten Stücks zwischen Alp Grüm und Cavaglia in Betrieb. Auf diesem Stück betreibt die BB als Provisorium eine Pferdeschlittenverbindung. Zwischen 1913 und 1915 werden mehrere Schneegalerien gebaut, und an mehreren Stellen wird das Bahntrassee in wenig gefährdete Zonen verlegt. Im Winter 1912/13 wird die gesamte Strecke erstmals ganzjährig betrieben. Der Winterbetrieb zwischen Alp Grüm und Cavaglia wird jedoch erst als Provisorium betrachtet. Vorsichtshalber wird nochmals ein Pferdeschlittenbetrieb vorgesehen, wobei die Schlitten allerdings nur an wenigen Tagen anstelle der Züge verkehren. Trotzdem läßt die Bahn prüfen, ob es nicht zweckmäßiger wäre, auf der Teilstrecke Cavaglia–Alp Grüm während des Winters eine Luftseilbahn anstelle der Eisenbahn zu betreiben. Im Winter 1913/14 stehen in Cavaglia und Alp Grüm letztmals Pferdeschlitten bereit. Nachdem diese nur an einem einzigen Tag und nur für zwei Züge einspringen müssen, entfällt dieser Service ab der folgenden Wintersaison. Der übernächste Winter ist außerordentlich schneereich. Doch nur an zwei Tage können keine Züge über den Paß geführt werden. Damit ist die Wintertauglichkeit der Berninabahn bewiesen.

Überlebenskämpfe

Während des Ersten Weltkrieges bleiben die ausländischen Gäste aus. Da sich Tirano in der Kriegszone befindet, wird die Grenze praktisch geschlossen. Auf Geheiß der italienischen Behörden dürfen die wenigen Züge, die weiterhin bis und ab Tirano verkehren, auf italienischem Territorium zeitweise nur noch von italienischem Personal geführt werden. Die Berninabahn erzielt kaum mehr Einnahmen und gerät unter derartigen Druck, daß per Ende 1915 vorsorglicherweise sämtliche Anstellungsverträge gekündigt werden. Zu Entlassungen kommt es dann aber doch nicht, verlangt doch die schweizerische Armee eine ganzjährige Betriebsführung über den Paß.

Nach Kriegsende bleibt der Aufschwung zunächst weit hinter den Erwartungen zurück. 1918 kann die Betriebseinstellung nur dank einer Bundessubvention verhindert werden. Wegen der mißlichen finanziellen Lage müssen viele wünschbare Ergänzungsbauten zurückgestellt werden. 1924 wird die Unternehmung finanziell saniert. Endlich, in der zweiten Hälfte der zwanziger Jahre, hellt sich die Lage etwas auf: Sowohl die Personen- wie auch – wegen Gütertransporten für Kraftwerkbauten am Palü und in Cavaglia – die Güterverkehrseinnahmen zeigen steigende Tendenzen. Die BB reagiert sofort: Um der aufkommenden Autokonkurrenz zu begegnen, wird im Sommer 1926 erstmals ein Schnellzugpaar geführt. Zur weiteren Attraktivitätssteigerung wird 1928 sogar ein Speisewagenbetrieb eingeführt. Betreiberin und Besitzerin der beiden Speisewagen, die bis zum Ausbruch der Wirtschaftskrise jeweils zusammen mit einem Küchenwagen und allfälligen Verstärkungswagen in einem Salonzug verkehren, ist die deutsche MITROPA. Diese nimmt ab der Sommersaison auch das Bahnhofbuffet Alp Grüm in Pacht. Im Anschluß an den Salonzug verkehrt 1930 sowohl in der Sommer- wie auch in der Winter-Hochsaison ein „Direttissimo" zwischen Mailand und Tirano. Im Winter wird jetzt sogar eine direkte Schlafwagenverbindung von Tirano nach Nizza angeboten.

Doch der Aufschwung ist von kurzer Dauer und die dreißiger Jahre werden zur schlimmsten Zeit in der Geschichte der Berninabahn. Daß die Bahn diese Jahre überhaupt überlebt, ist zu einem wesentlichen Teil das persönliche Verdienst des damaligen Betriebsleiters E. Zimmermann. Bei seinen Mitarbeitern ist Zimmermann wegen seines ruppigen und unberechenbaren Führungsstils sehr unbeliebt. In anderer Hinsicht hingegen ist er ein Multitalent: Er versteht es, mit Geschick und äußerster Sparsamkeit die Bahn über Wasser zu halten – mehr schlecht als recht allerdings. 1933 muß die Bahn erneut saniert werden. Um das Bahntrassee aus einer lawinengefährdeten Zone herauszuführen, wird 1934 trotz beschränkter Geldmittel die längste Linienverlegung in der Geschichte der BB realisiert und in der Region Alp Bondo eine 2,6 km lange neue Strecke gebaut. Zimmermann ist aber auch ein Pionier in jener Disziplin, die sich heute „Marketing" nennt: Mit zwei selbstgedrehten Filmen und einer Sammlung von handkolorierten Diapositiven in der Tasche bereist er zwischen den Saisons die Schweiz und das benachbarte Ausland, um in Städten und Dörfern Vorträge zu halten und die Schönheiten der Berninaregion anzupreisen. Es verbündet sich mit den Oberengadiner Hoteliers und verkauft den Besuchern seiner Vorträge Sommer- und Winterferien im Engadin – immer kombiniert mit Reisen mit der Berninabahn. Weiter ist Zimmermann ein hochverdienter Tüftler in Sachen Schnee- und Lawinenforschung, ebenfalls eine damals noch nicht anerkannte Disziplin: Mit Akribie und Fleiß erforscht er die Zusammenhänge, die zu Lawinenabgängen führen. Er läßt versuchsweise Lawinen auslösen, wobei Infanterie-Kanonen, Gebirgsgeschütze und Minenwerfer der Gebirgstruppen eingesetzt werden. Besonders die Minenwerfer zeigen eine derart gute Wirkung, daß die schweizerische Armee der Berninabahn in der Folge einige Werfer ausleiht. Auch heute noch verwendet die Rhätische Bahn Armee-Minenwerfer, um damit gefährliche Lawinenhänge kontrolliert zu entladen. Obwohl in der Zwischenzeit viele Hangentladungen durch den Abwurf von Sprengladungen aus Helikoptern vorgenommen werden, setzen immer noch verschiedene schweizerische Transportunternehmen auf die bewährte Minenwerfer-Technik. Mit seiner Forschungsarbeit hat Zimmermann unbestrittenerweise wichtige Pionierarbeit geleistet im Hinblick auf die Arbeit des 1945 gegründeten und heute weltbekannten Eidgenössischen Instituts für Schnee- und Lawinenforschung auf dem Weißfluhjoch ob Davos.

Aller Bemühungen zum Trotz verschlechtert sich die wirtschaftliche Lage der Berninabahn laufend. 1941 wendet sich das Unternehmen wieder in höchster Not mit einem Hilfegesuch ans Eidgenössische Eisenbahndepartement. Im Auftrag des Bundesrates wird eine Expertengruppe eingesetzt, welche eine Sanierung der BB sowohl aus politischen wie aus wirtschaftlichen Gründen empfiehlt. Die Experten stellen allerdings die Bedingung, daß die BB eine Betriebsgemeinschaft mit der RhB eingeht. Die RhB und die vor dem finanziellen Zusammenbruch stehende BB werden sich schnell einig, und bereits ab dem 1. Januar 1942 führt die RhB den Betrieb auf der Berninabahn. Der definitive Fusionsvertrag wird am 24. Juni 1944 unterzeichnet. In diesem Vertrag wird als Fusionsdatum rückwirkend der 1. Januar 1943 festgesetzt.

Die Berninabahn als RhB-Teilstrecke

Die Übernahme der maroden Berninabahn bedeutet für die RhB eine erhebliche Belastung. In erster Priorität müssen die festen Anlagen modernisiert, zum Teil erweitert oder gar neu gebaut werden. Die aus der Eröffnungszeit der Bahn stammenden Triebfahrzeuge werden zum Teil modernisiert und umgebaut, und zwar derart gründlich, daß ein Teil dieser Fahrzeuge heute noch einsatzfähig ist.

Erfreulicherweise erreicht nach dem Zweiten Weltkrieg zunächst vor allem der Güterverkehr über die Berninastrecke ungeahnte Höhen. Diese positive Entwicklung hält bis heute an. Da auf den 70 Promille steilen Rampenstrecken die Anhängelasten aus physikalischen Gründen stark eingeschränkt sind, wird um 1960 der Einbau von Zahnstangen geprüft. Eine Variante sieht vor, künftig aus einem Triebfahrzeug, einem oder mehreren motorisierten führerstandslosen Güterwagen sowie weiteren normalen Güterwagen bestehende Kompositionen über den Berg zu schicken. Doch der Umbau in eine Zahnradbahn kommt nicht zustande. Angesichts zusätzlicher technischer Anforderungen und Unterhaltsprobleme besonders auch beim Winterbetrieb kann man hierbei von Glück reden. Statt dessen stehen seit den frühen sechziger Jahren neue Hochleistungs-Triebfahrzeuge in ständig steigender Zahl im Einsatz, die auch als konventionelle Adhäsions-Fahrzeuge in der Lage sind, die schweren Holz-, Vieh-, Zement- und Ölzüge über den Paß zu schleppen.

Die auf der Berninalinie gültigen Normen weichen in mancherlei Hinsicht von den üblichen RhB-Normen ab. Alle auf der Berninalinie eingesetzten Fahrzeuge müssen besonderen Anforderungen genügen. In den sechziger Jahren beginnt eine durchgreifende Erneuerung des auf der Berninalinie eingesetzten Reisezugwagenparkes. Wesentlich teurer sind jedoch die vielen Investitionen, die sich im Hintergrund und für den Fahrgast unsichtbar auswirken. In mehreren Schritten wird die Energieversorgung umfassend saniert, sämtliche größeren Bahnhofsanlagen sowie alle Kreuzungsstationen samt der zugehörigen Stellwerkanlagen werden erneuert, zwischen 1977 und 1988 wird die gesamte Strecke mit einem Blocksystem und zeitgemäßen Kommunikationseinrichtungen ausgerüstet und darüber hinaus werden selbstverständlich immer weitere Investitionen zur Erhöhung der Wintersicherheit und zum zusätzlichen Schutz vor Unwetterschäden vorgenommen.

Ein Zug der Superlative: Der Bernina Express

1969 verkehrt zwischen Chur und Tirano erstmals ein Zug mit dem klingenden Namen „Bernina Express". Die neue Zugverbindung erfreut sich von Beginn weg großer Beliebtheit. Zuerst entdecken ihn vor allem schweizerische Gäste aus dem Unterland, doch recht bald wird er von immer mehr erlebnishungrigen Reisenden aus anderen Ländern belebt. Seit den achtziger Jahren verkehrt der Zug mit besonders eleganten Fahrzeugen, womit er endgültig zum Top-Angebot für Erlebnisreisende geworden ist. Der Bernina Express ist heute auf der ganzen Welt ebenso bekannt wie der Glacier Express, der zwischen St. Moritz und Zermatt verkehrt. Wer mit einem dieser beiden komfortablen Züge reist, findet auf einzigartige Weise Kontakt mit den vielfältigen landschaftlichen Schönheiten Graubündens. Die Reise mit dem Bernina Express ist abwechslungsreich und von höchstem Erinnerungswert.

Für den Tourismus in Graubünden stellt die heute modern ausgebaute Berninalinie mehr denn je einen Aktivposten dar. Eine Fahrt über die Bernina – besonders im eleganten Bernina Express – ist eine Reise der Superlative!

Der Berninapaß befindet sich weit oberhalb der Waldgrenze.

Rechte Seite: Der BCe 4/4 7 rumpelt durch das zwischen den Bahnstationen Poschiavo und Li Curt gelegene San Antonio. Dieser 1908 erbaute Triebwagen ist 1965 abgebrochen worden.

Unten: Die Ge 6/6 81 der BB wurde 1916 abgeliefert. 1929 wurde die Lok zur Ge 4/4 81 umgebaut. Die bei der RhB 1965 remisierte Maschine gelangte 1970 zur Museumsbahn Blonay–Chamby.

Oben: Der BCe 4/4 10 (abgeliefert 1908, immer noch im Einsatz als ABe 4/4 35) überquert die untere Cavagliasco-Brücke zwischen Privilaso und Cadera. Am Schluß führt der Zug den Fe 2/2 51 mit (abgeliefert 1909, in umgebauter Form als De 2/2 151 immer noch im Einsatz).

Schneeschleudereinsatz unterhalb von Alp Grüm.

Spurpflug-Einsatz zwischen haushohen Schneemauern (oben links). Harter Winterbetrieb auf der Berninabahn: Lawinenschnee wurde früher von Hand auf eine Höhe von 4 bis 5 Metern abgeschaufelt (oben rechts). Mit dem auch heute noch eingesetzten Räumer wird der Schneekanal seitlich ausgeweitet. Der vom Räumer ins Gleis gezogene Schnee wird anschließend ausgeschleudert (unten links und rechts).

Die weite Kurve auf der Alp Bondo ob Bernina Lagalb ist erst 1934 bei einer Linienverlegung gebaut worden. 20. 8. 1987

Linke Seite oben: Die beiden erst 1986 für Vielfachsteuerung hergerichteten und danach RhB-intern mit dem Kosenamen „Kessler-Zwillinge" versehenen ABe 4/4 30 und 34 sind bei Punt Muragl unterwegs. 2. 8. 1986

Linke Seite unten: Die ABe 4/4 47 und 46 treffen vor dem Nachläufer zum Bernina Express in Alp Grüm ein. Der Blick geht weit hinunter ins Puschlav. 26. 9. 1988

Weltweit sind heute nur noch zwei Rotary-Dampfschneeschleudern einsatzfähig, nämlich die 1923 gebaute OY der Cumbres & Toltec Scenic Railroad in Colorado/USA und die auf die Berninabahn zurückgehende Xrotd 9213 der RhB aus dem Jahr 1911. Die Berninabahn-Maschine ist als weltweit einzige Maschine ihrer Art selbstfahrend konstruiert, erhält normalerweise aber Schubunterstützung. Die Aufnahme auf Seite 132 zeigt die Schneeschleuder anläßlich einer Überfuhr in eigener Kraft bei Ospizio Bernina. Auf Seite 133 zeigt sich die Maschine im Einsatz. 9. 3. 1987

Für die Bergfahrt von Pontresina nach Ospizio Bernina leistet der ABe 4/4 36 (abgeliefert 1908 als BCe 4/4 14) seinem jüngeren Kollegen Vorspanndienst. Die Aufnahme ist zwischen Bernina Lagalb und Ospizio Bernina entstanden. 5. 3. 1994

Rechte Seite: Alp Grüm: Wie klein doch ein Zug vor dem gewaltigen Palü-Gletscher wirken kann. 3. 3. 1988

Auf Talfahrt zwischen Cavaglia und Cadera. An der Zugspitze läuft die 1968 abgelieferte Lokomotive Gem 4/4 801, die wahlweise auf dem gesamten RhB-Netz mit Dieselantrieb oder auf der Berninalinie direkt ab Fahrleitung verkehren kann. 14. 10. 1989

Rechte Seite: In der Cavagliascoschlucht zwischen Privilasco und Cadera. Beachtenswert sind sowohl die im Zugverband eingereihten offenen Carozze Panoramiche wie auch die beiden in Vielfachsteuerung verkehrenden Methusaleme ABe 4/4 32 und 31, hinter denen sich die 1908 gelieferten ersten BB-Triebwagen BCe 4/4 1 und 2 verbergen. 17. 8. 1988

Aussichtswagen

Linke Seite oben: Der Weiler San Carlo liegt etwas oberhalb von Poschiavo an der Bernina-Paßstraße. Der Zug im Vordergrund wird gleich die Haltestelle Privilasco erreichen. 2. 8. 1985

Linke Seite unten: Der Borgo von Poschiavo, Hauptort des Puschlavs, ist ein lohnenswertes Reiseziel. 29. 7. 1981

In Europa ohne Vergleich ist der Kreisviadukt unterhalb von Brusio, über den sich soeben der Bernina Express in die Höhe windet. Wie anderswo in Kehrtunnels wird hier unter freiem Himmel Höhe gewonnen. 17. 8. 1988

Die Landschaft des Ferienortes Arosa wird durch den Untersee und den beim Bahnhof gelegenen Obersee belebt. Dieser Regionalzug strebt am Untersee vorbei in Richtung Endbahnhof Arosa. 24. 6. 1993

Die Arosabahn, jüngste Strecke der RhB

Die ursprünglich als eigenständige Gesellschaft unter dem Namen Chur-Arosa-Bahn (abgekürzt ChA) gebaute und betriebene Meterspurbahn von Chur ins Schanfigg ist 1914 eröffnet worden. Seit 1942 ist die Strecke Bestandteil des weitverzweigten Netzes der Rhätischen Bahn. Wegen ihrer vom RhB-Stammnetz bezüglich Stromsystem, Steigungsverhältnissen und minimalen Kurvenradien abweichenden Normalien nimmt die Arosabahn auch heute noch eine Sonderstellung innerhalb der RhB ein. Diese Sonderstellung wird auch nach der absehbaren Angleichung des ChA-Stromsystems an dasjenige des RhB-Stammnetzes nicht ganz beseitigt sein.

„Wo ein Wille, ist auch ein Weg!" – der auf dem Stationsgebäude von Lüen-Castiel angebrachte Hausspruch diente seinerzeit den Erbauern der Chur-Arosa-Bahn als Devise. Der Bau dieser Strecke war denn auch alles andere als leicht.

Entstehungsgeschichte

Die 1911 abgefaßte Bauaufgabe ist knapp und klar gefaßt: „Auf kürzestem Wege, ohne Gegengefälle, in möglichst gleichmäßiger Steigung ist eine elektrische Adhäsionsbahn, auf der auch die Rhätischen, Bernina- und Furka-Oberalp-Wagen übergehen können, bis zur Wintersaison 1914 betriebsbereit zu stellen und betriebssicher zu erhalten".

Der auf 1800 m gelegene heutige Weltkurort Arosa kann zu jener Zeit nur nach sechsstündiger, mühseliger Pferdepostfahrt von Chur aus erreicht werden. Wegen des von Jahr zu Jahr stark zunehmenden Fremdenverkehrs hat sich diese Verbindung längst als unzureichend erwiesen. 1890, im Eröffnungsjahr der Meterspurbahn von Klosters nach Davos, wird die in Langwies endende Poststraße bis Arosa verlängert. Im gleichen Jahr wird zum ersten Mal vom Bau einer Bahn nach Arosa gesprochen.

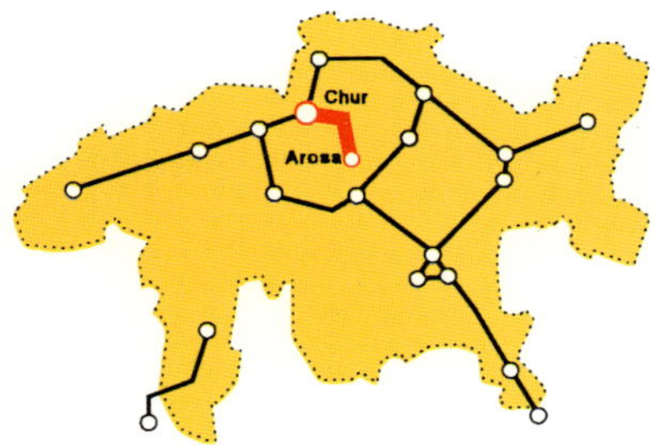

Die mit dem Bau anderer Linien bereits stark belastete Rhätische Bahn zeigt sich an einer Arosabahn jedoch wenig interessiert. Dies zwingt die Aroser zur Eigeninitiative, wobei sie die Churer unterstützen. Die erste Konzession für eine elektrische Schmalspurbahn von Chur nach Arosa datiert von 1905, doch nimmt die Idee erst an der Interessentenversammlung vom 19. Dezember 1909 in Chur feste Gestalt an. Am 15. Juli 1911 ist die Finanzierung soweit sichergestellt, daß die Bahngesellschaft gegründet werden kann. Zum Oberingenieur wird Gustav Bener, bisheriger Bauführer auf verschiedenen RhB-Teilstrecken und späterer RhB-Direktor, berufen. Professor Fritz Hennings, der hoch angesehene frühere Oberingenieur der Albulabahn, sowie der RhB-Sektionsingenieur Hans Studer werden mit der Beurteilung des Bautrassees beauftragt.

Ausführungsprojekt und Bau

Bener beginnt sogleich mit der Detailprojektierung. Im Gegensatz zum Vorprojekt bleibt er zwischen Chur und Langwies ganz auf der rechten Plessurseite und beginnt schon von Sassal an in die Felsköpfe zu steigen statt bis hinter Meiersboden der Talsohle zu folgen. Um zwischen Lüen und Peist eine möglichst ausgeglichene Steigung zu erreichen, hebt er die Station St. Peter-Molinis aus der Nähe der Dorfes Molinis in die Mittellage zwischen die beiden Dörfer. Zur Vermeidung des Ausfahrens des Sapüner- und des Plessurtales, deren Hänge nicht sehr einladend scheinen, senkt Bener die Station Langwies an den Fuß der „langen Wiese" unterhalb des Dorfes und wagt den Bau des kühnen Langwieser Talüberganges. Weiter ersetzt er den oberhalb Litzirüti vorgesehenen Kehrtunnel durch eine offene Schleife, was Kosteneinsparungen ermöglicht und verlegt die Endstation Arosa vom abgelegenen Schwarzsee hinauf zum zentraler gelegenen Obersee, was allerdings wegen des zusätzlich erforderlichen Arosa-Tunnels erheblich teurer zu stehen kommt.

Bereits am 1. März 1912, also nur neun Monate später, legt Bener den beiden Experten die Baupläne vor. Im gleichen Monat wird der Kostenvoranschlag bereinigt. Hennings und Studer empfehlen die Untertunnelung der geologisch äußerst schwierigen Partien des Lüener Rutsches und der Spundetscha.

Kurz darauf, am 4. Juli, beginnen die Bauarbeiten. Die größten Schwierigkeiten entstehen paradoxerweise dort, wo man die kleinsten erwartet: Auf dem Bahnhofplatz Chur mit seiner Gleisanlage, Pflasterung und Ausfahrt, beim Stellen der Fahrleitungsmasten längs des Plessurquais, die das Absägen einiger Äste erfordern, sowie – weit schwerwiegender – in den ursprünglich harmlos eingestuften Zonen im Maladerser Wald, im Castielertobel sowie in den Moränen unter Pagig und St. Peter und beim Arosa-Tunnel. Umgekehrt ist der Bau in den heute am imposantesten wirkenden Zonen von Sax und Glasaurertobel sowie an den beiden Eisenbetonbrücken über das Gründjitobel und bei Langwies bedeutend einfacher als befürchtet.

Der Bau des Langwieser Talüberganges ist ein weltweit beachtetes Abenteuer. Noch nie zuvor ist eine derartige Brücke gebaut worden – 287 m lang, 62 m hoch, mit einem Hauptbogen von 100 m Stützweite. Grund für die Wahl einer Eisenbetonkonstruktion ist das weitgehende Fehlen von brauchbaren Bruchsteinen in der Nähe des Bauplatzes. Sand und Kies sind dagegen in genügender Menge vorhanden. In mehr als 1000 Vierspännerfuhren werden Eisen, Zement und anderes von auswärts benötigtes Baumaterial über die kurvenreiche Schanfiggerstraße herangeschafft. Der geniale Gerüstbauer Richard Coray aus Trin zimmert aus über 700 m^3 Stammholz der nahen Wälder den riesigen Fächer des Hauptgerüstbogens. Illustrierte aus aller Welt veröffentlichen Bilder der imposanten Baustelle.

Bei anderen Baustellen rächt sich die kurze Projektierungszeit bitter. Völlig unerwartet gerät man in ursprünglich weniger problematisch eingeschätzte Rutschzonen. Vor der Maladerser Dorfbachrüfe macht eine plessurabwärts wandernde Stützmauer den Einbau einer weitgespannten Eisenbrücke nötig. An anderen Orten verlangen Anschüttungssetzungen sehr starke Futtermauerergänzungen und umfangreiche Entwässerungen. Der Spundetscha-Tunnel, ein ganz spezielles Sorgenkind, deformiert sich schon während des Baus so stark, daß das eine Portal bergwärts verlegt werden muß und der andere Ausgang in eine Eisenbetonröhre gefaßt wird. 1913 droht der Bärenfalle-Tunnel just in dem Moment einzubrechen, als umfangreiche Transporte für das Kraftwerk Lüen beginnen sollten. Im Capalser Rutsch unter St. Peter muß kurz vor der Betriebseröffnung eine zweifeldrige Eisenbrücke auf einem mehr als 16 m tief abgesenkten Mittelpfeiler gebaut werden – eine Brücke nota bene, die vom Durchreisenden kaum beachtet wird. Trotzdem werden die Arbeiten energisch vorangetrieben. Am 4. September 1914 ist der Bärenfalle-Tunnel, am 14. September der Spundetscha-Tunnel beendet. Am 17. Oktober führt der erste Zug – noch mit Dampf – den ChA-Verwaltungsrat nach Arosa. Am 19. November produziert das Lüener Kraftwerk den ersten Strom. Zwei Tage später fährt erstmals ein Motorwagen in die 60 Promille-Steigung. Sogleich wird um die Bauabnahme und die Erteilung der Betriebsbewilligung nachgesucht. Diese wird auf den 12. Dezember erteilt. Für die Eröffnung am 11. Dezember 1914 werden wegen des im Ausland tobenden Krieges nur sehr bescheidene Feierlichkeiten angesetzt.

Die Farbtobel-Brükke liegt unterhalb des Dorfes Peist. 11. 10. 1986

Der Betrieb der Chur-Arosa-Bahn

Auf 25,7 km Länge überwindet die Bahn einen Höhenunterschied von 1155 m ins 1739 m ü.M. hoch gelegene Arosa. Rund 70% der Gesamtstrecke liegen in der Maximalsteigung von 60 Promille (RhB-Stammnetz: 45 Promille). In Kurven liegen 12,4 km, davon über sieben Streckenkilometer oder mehr als ein Viertel der Strecke im kleinsten Kurvenradius von 60 m (RhB-Stammnetz: 100 m). Die 18 Tunnels sind insgesamt 2,34 km lang (9,6% der Baulänge). Weiter zählt die Linie 35 Brücken mit über 10 m Öffnung (7% der Baulänge). Die ebenen Abschnitte sind nur gerade 4 km lang. Dies zeigt eindrücklich, daß die ChA zu den kunstbautenreichsten Eisenbahnstrecken der Welt gehört.

Als erste Bahn in Europa wird die ChA mit 2000 V Gleichstrom betrieben. Dieses Stromsystem wird gewählt, weil die Energie vom nahe beim Bahnkilometer 8,1 gelegenen Kraftwerk Lüen bezogen werden kann. An Fahrzeugen beschafft die Bahn 1914 vier Triebwagen, sechs zweiachsige Personenwagen, einen Krankentransportwagen und 16 Güterwagen. 1939, 25 Jahre nach der Betriebseröffnung, stehen insgesamt sechs Triebwagen, 18 Personen-, ein Kranken-, vier Gepäck- und 50 Güterwagen zur Verfügung. Die ständige Vermehrung des Rollmaterialparks ist Beweis für eine recht erfreuliche Entwicklung der Betriebsleistungen der Bahn.

Die Streckenführung durch schwierigste geologische Zonen führt auch nach der Betriebsaufnahme immer wieder zu unangenehmen Überraschungen. Schon verhältnismäßig bald zeigen sich im Gebiet des Calfreiserrutsches Bewegungen und Erweiterungen, die den Castiertobel-Viadukt, den größten gemauerten Viadukt der Strecke, bedrohen. Bereits im Sommer 1919 werden Risse in den Gewölben der Brücke festgestellt. 1928 verlangt das Eidgenössische Amt für Verkehr die Ausführung von Sicherungsbauten. In der Folge wird ein Widerlager der Brücke unterfangen. 1935 beginnt sich der Scheitel des untersten Gewölbes plötzlich zu heben. 1941 kommen die Experten zum Schluß, daß das stolze Bauwerk nicht mehr zu retten ist. 1942, bereits unter RhB-Regie, werden die Mauerbogen abgebrochen und durch Metallträger, die von Zeit zu Zeit der veränderten Pfeilerstellung angepaßt werden können, ersetzt.

Die Übernahme der ChA durch die RhB

Der an sich recht guten Verkehrsentwicklung zum Trotz geht es der ChA wirtschaftlich nie besonders gut. Ab 1932 ist die Gesellschaft nicht einmal mehr in der Lage, die Schuldzinsen herauszuwirtschaften. Der Kanton muß der Gesellschaft – wie auch der Berninabahn und der Ferrovia elettrica Bellinzona-Mesocco – mit unverhältnismäßig hohen Geldbeträgen beistehen. Hilfeleistungen durch den Bund, wie sie aufgrund des neuen Eisenbahngesetzes vom 6. April 1939 möglich scheinen, werden abgewiesen. Will man eine wirksamen Bundeshilfe erhalten, bleibt wie im Fall der BB und der BM kein anderer Weg als die Fusion mit der Rhätischen Bahn. Trotz der hohen Überschuldung stößt dieser Gedanke bei der ChA auf einige Opposition, doch muß man sich schließlich von der Notwendigkeit dieser Lösung überzeugen lassen.

Wegen der Überschuldung der ChA bedeutet diese Übernahme – wie in weit höherem Ausmaß auch diejenigen mit der BB und der BM – für die RhB und damit für den Kanton Graubünden eine wesentliche Mehrbelastung. Der Fusionsvertrag wird am 24./25. Oktober 1941 abgeschlossen. Die Übernahme bedeutet für die Schanfigger Gemeinden und Arosa, vor allem aber auch für die Stadt Chur, eine bedeutende Entlastung, während umgekehrt die RhB, der Kanton Graubünden und die Schweizerische Eidgenossenschaft für die Verpflichtungen der Arosabahn geradestehen müssen.

Die Arosabahn als RhB-Teilstrecke

Nach der Übernahme der Betriebsführung durch die RhB am 1. Januar 1942 ändert sich zunächst nicht allzu viel. Die auf der Arosabahn tätigen Mitarbeiter bilden auch heute noch eine verschworene Gemeinschaft.

Erst allmählich beginnen sich verschiedenen Änderungen auch auf die Arosabahn auszuwirken. Ab Mitte der fünfziger Jahre wird der Rollmaterialpark der Arosabahn vollständig erneuert. 1969 wird der Pendelzugsbetrieb eingeführt, womit für die meisten Züge das Umstellen der Triebwagen in Chur und Arosa entfällt. Seit 1971 sind sämtliche Stationen von Chur bis Arosa automatisiert und in der Fernüberwachung Arosa zentralisiert. Langwies wird als einzige Zwischenstation während der Schalterstunden lokal bedient. Die Zugkreuzungen, in der Regel stündlich in Peist und Chur Sand, laufen heute vollautomatisch ab.

Gesicherte Zukunft

Die Rhätische Bahn bearbeitet gegenwärtig ein Projekt, nach dem das Stromsystem der Arosabahn dem Stammnetz-System (Einphasen-Wechselstrom 11 kV, 16 2/3 Hz) angepaßt und das Trassee zwischen dem Bahnhof Chur und Sassal in einen Tunnel unter den Mittenberg verlegt werden soll. Falls der Mittenberg-Tunnel gebaut wird, verschwindet die Arosabahn vom Churer Bahnhofplatz und erhält einen neuen, unterirdischen Bahnhof unter den Stammnetz-Gleisen. In der Stadt Chur läßt sich damit eine Reihe von Verkehrsproblemen lösen.

Mit der positiv verlaufenen Churer Volksabstimmung vom 25. September 1988 sind die Weichen für die Neugestaltung der ChA-Stadtstrecke gestellt worden. Das Projekt ist nachträglich über den ursprünglichen Umfang hinaus erweitert worden, was zu Verzögerungen und Unsicherheiten bei der Umsetzung geführt hat. Wegen finanzieller Engpässe bei der öffentlichen Hand ist der Zeitpunkt des Baubeginns offen. Die Umelektrifizierung ist von höherer Dringlichkeit und wird wahrscheinlich vorgezogen. Es ist denkbar, daß der Mittenberg-Tunnel nie gebaut wird.

Oben: Vier Bernina-Triebwagen können seit einem Umbau in den vierziger und fünfziger Jahren wahlweise auch auf der Aroserlinie verkehren, wo sie vor allem während der Wintersaison benötigt werden. Am 16. Mai 1986 wartet der ABe 4/4 31 auf dem Churer Bahnhofplatz auf Fahrgäste ins Schanfigg.

Unten: Auf den ersten 2,4 km fahren die Züge der Arosabahn als Straßenbahn durch die Stadt Chur. Diese Aufnahme ist am Plessurquai entstanden. 30. 6. 1987

Auch das Lehrgerüst für den Langwieser-Viadukt gehört zu den herausragenden Leistungen von Richard Coray.

Der Langwieser-Viadukt kurz nach seiner Fertigstellung.

St. Peter-Molinis. Hinter dem BCFe 4/4 3 ist der Krankentransportwagen der ChA eingereiht.

Das ursprüngliche Aroser Bahnhofgebäude mußte leider einem charakterlosen Neubau weichen.

Über dem im Hintergrund sichtbaren ChA-Depot Chur Sand sind zwei Churer Wahrzeichen erkennbar, nämlich die Kathedrale und das Calanda-Massiv. 30. 10. 1987

Rechte Seite: Diese Aufnahmen ist am 23. Oktober 1988 zwischen den Bahnstationen Peist und St. Peter-Molinis entstanden.

Der vom Bernina-Triebwagen ABe 4/4 34 (Baujahr 1908 als BCe 4/4 4 abgeliefert) geführte Verstärkungszug wird gleich den Endbahnhof Arosa erreichen. 11. 3. 1989

Linke Seite: Ein talwärts fahrender Zug fährt eben in die weit unterhalb des Dorfes gelegene Station Peist ein. Der Zug wird von zwei Triebwagen geführt und führt am Schluß zusätzlich einen alten Bernina-Triebwagen mit. 28. 12. 1993

Ein talwärts fahrender Pendelzug, hinter dem ein alter Bernina-Triebwagen mitläuft, hat den zwischen Langwies und Peist gelegenen Gründjitobel-Viadukt erreicht. 23. 1. 1994

Rechte Seite: Im morgendlichen Streiflicht wirken die „Erdmannli“, die eigenartigen Erdpyramiden im Gründjitobel, besonders dramatisch.
22. 6. 1986

Abendstimmung beim Langwieser-Viadukt. 24. 7. 1993

Der Langwieser-Viadukt ist 287 m lang und 62 m hoch. Die Spannweite seines Hauptbogens beträgt 99 m. 15. 8. 1981

Baustelle Vereina Süd, 22. März 1994

Blick gegen das Portal des Vereina-Tunnels.

Blick vom Tunnelportal hinunter auf den Baubahnhof Sagliains. Hier wird später der Autoverladebahnhof Susch-Lavin entstehen.

In Sagliains trifft die neue Vereina-Linie auf die bestehende Engadiner-Linie. Die Ge 4/4II 624 „Celerina/Schlarigna" führt einen Regionalzug am Baubahnhof vorbei von St. Moritz nach Scuol-Tarasp.

Die Vereinalinie

Die Bahnpioniere der Rhätischen Bahn haben zwischen 1889 und 1914 innerhalb eines Vierteljahrhunderts das gesamte heutige RhB-Netz mit all seinen tollkühnen Bauten errichtet. Der jüngste Streckenabschnitt der RhB – die Strecke Chur–Arosa – ist bereits 80 Jahre alt. Der Ausbruch des Ersten Weltkrieges verhinderte seinerzeit den Bau weiterer Strecken. Die gegenwärtig im Bau befindliche Vereinalinie von Klosters im Prättigau nach Susch und Lavin im Unterengadin wird nach über acht Jahrzehnten die erste Netzerweiterung bringen. Der Bau dieser 20 km langen Tunnelverbindung ist 1986 durch den Bund und den Kanton Graubünden beschlossen worden.

Die Wichtigkeit einer wintersicheren Verbindung zwischen dem Unterengadin und dem Raum Prättigau/Davos ist unbestritten. Als Alternative zum Ausbau der Flüela-Paßstraße legte die Direktion der Rhätischen Bahn erstmals im Frühling 1975 Studien für eine „Rollende Straße" und eine attraktive Bahnverbindung zwischen den beiden Räumen vor. 1979 gab die RhB zusammen mit dem Kantonalen Tiefbauamt, das sich mit Studien für den Flüela-Ausbau befaßte, die Erstellung einer Verkehrsprognose in Auftrag. Im Mai 1980 wurden die Ingenieurarbeiten zur Erarbeitung eines generellen Projektes vergeben. Am 3. Oktober 1984 entschied sich der Große Rat von Graubünden zugunsten des Vereinaprojektes und gegen einen wintersicheren Ausbau der Straße. Die Zustimmung des Bündner Volkes erfolgte am 22. September 1985 an der Urne, das Berner Parlament schließlich stimmte dem Projekt am 9. Dezember 1986 zu. Der Bundesbeschluß über die Vereinabahn (Konzessionsgewährung und Bundesbeitrag) trägt das Datum vom 18. Dezember 1986.

Verkehrsprognose und Betriebskonzept

Für das Jahr 1979 wurden 1 100 000 Personenfahrten zwischen Nordbünden und dem Unterengadin errechnet. Für das Jahr 2000 wird ein Anstieg auf knapp 2 100 000 prognostiziert. Dank der Vereinabahn soll der Anteil der per Bahn reisenden Personen von 9% auf 23% ansteigen, was wegen des Anstiegs der Gesamtmenge fast eine Verfünffachung der RhB-Passagiere in dieser Relation bedeutet. Mehr als ein Drittel der Personenfahrten wird dann über die rollende Straße und somit ebenfalls durch den Vereina-Tunnel abgewickelt. Etwa gleichviele Reisenden wie heute werden weiterhin die Flüelastraße benutzen, wobei wegen des Anstiegs der Gesamtmenge der Anteil dieser Nur-Autofahrer deutlich zurückgehen wird und weniger als die Hälfte (heute: 91%) beträgt. Würde die Vereinabahn nicht gebaut oder würde, wie dies von Umweltschützern gefordert wird, auf die rollende Straße verzichtet, müßte aufgrund dieser Berechnungen eine große Verkehrszunahme am Flüelapaß in Kauf genommen werden. Ein Ausbau der Paßstraße wäre nicht zu umgehen.

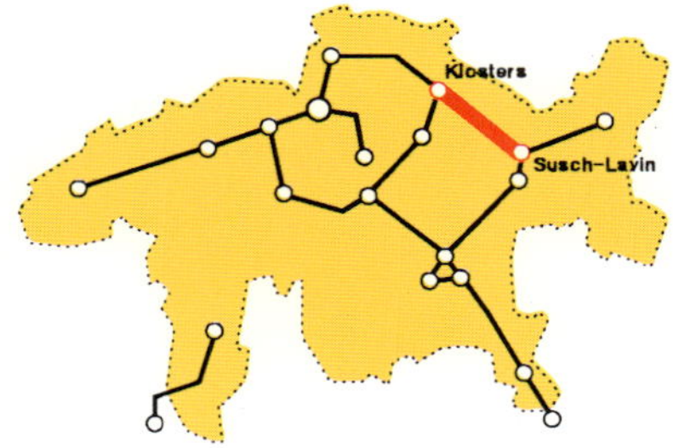

Um die prognostizierten Verkehrsmengen aufnehmen zu können und zur Gewährleistung eines attraktiven Fahrplanangebots sind stündlich je Richtung je ein Reisezug zwischen Landquart und Scuol-Tarasp und saisonabhängig ein bis zwei Autozüge zwischen Klosters Selfranga und Susch-Lavin vorgesehen, mit denen sämtliche in der Schweiz zugelassenen Typen von Motorfahrzeugen durch den Tunnel transportiert werden können. Während der Spitzenstunden an Winterwochenenden wird der Autozugfahrplan verdichtet. Für den recht bescheidenen Güterverkehr ins Unterengadin wird die RhB einen bis zwei Güterzüge pro Tag und Richtung führen.

Von großer Bedeutung ist die Möglichkeit, Oberengadiner Entlastungszüge durch den Vereina-Tunnel leiten zu können. Damit kann ein Teil des Umsteigeverkehrs von Chur nach Landquart verlegt werden, und die bereits heute oft stark überlastete Albulastrecke wird wirkungsvoll entlastet. In der Praxis werden nach der Eröffnung der neuen Linie möglichst alle Entlastungszüge in der Süd-Nord-Richtung via Vereina geleitet. Die 45 Promille steile Rampe von Klosters nach Küblis kann dadurch talwärts befahren werden. Zudem verkehrt dann ein Großteil der Züge in einem Kreisverkehr von Chur über Filisur nach St. Moritz und von dort aus über Zernez und Klosters zurück nach Landquart und Chur. So wird die gesamte Transportkapazität der RhB zwischen Nordbünden und dem Engadin mehr als verdoppelt.

Die Anlagen der Vereinalinie

Der Klosterser Personen- und Güterverkehr wickelt sich weiterhin im bestehenden Bahnhof Klosters ab, dessen Anlagen geringfügig ausgebaut werden. Die 1930 im Zusammenhang mit der Aufhebung der Klosterser Spitzkehre vom berühmten Konstrukteur Robert Maillart erbaute Eisenbetonbrücke über die Landquart ist bereits durch ein doppelspuriges Brückenbauwerk ersetzt worden. Gleich anschließend an die neue Brücke, links neben dem Portal des bestehenden Klosterser-Tunnels, befindet sich das Portal des Zugwald-Tunnels. Dieser 2160 m lange Tunnel führt einspurig mit einer Steigung von 40 Promille zum Autoverladebahnhof Klosters Selfranga.

Die Gleisanlagen von Klosters Selfranga bestehen aus zwei Verladegleisen mit seitlich angeordneten Rampen. Weitere Gleise dienen zum Abstellen der Reservekompositionen. Die Verladegleise liegen größtenteils unterirdisch im Vereina-Tunnel. Die Straßenzufahrt nach Selfranga wird direkt an die Prättigauer Kantonsstraße angeschlossen, wobei Anschlußprojekte sowohl an die bestehende Kantonsstraße wie auch an die vom Kanton geplante Umfahrungsstraße vorliegen.

Der Vereina-Tunnel wird 19 058 m lang. Zusätzlich zweigt auf der Engadiner Seite ein etwa 300 m langer Verbindungstunnel in Richtung Susch ab, durch den die direkte Bahnverbindung ins Oberengadin führt.

Klosters Selfranga liegt auf 1281 m ü.M., der Autoverladebahnhof Susch-Lavin auf 1432 m ü.M. Die Strecke steigt daher von Selfranga her mit knapp 15 Promille bis zum Kulminationspunkt auf 1463 m ü.M. und fällt dann mit knapp 5 Promille gegen Susch-Lavin. Der Vereina-Tunnel ist grundsätzlich einspurig mit einer Kreuzungsstation in Tunnelmitte und Doppelspurstrecken bei den Portalen. Im unmittelbaren Portalbereich wird der Tunnel auf drei Spuren ausgeweitet.

Der Autoverladebahnhof Susch-Lavin kommt unmittelbar beim Tunnelende zu liegen. Seine Anlagen entsprechen weitgehend denjenigen von Klosters Selfranga. Die Zufahrtsstraße wird im Bereich des Bahnhofs an die Engadiner Kantonsstraße angeschlossen.

Der bestehende Bahnhof Lavin wird für den Reise- und Güterverkehr beibehalten und muß nur in bescheidenem Maße ausgebaut werden.

Bauausführung

Der Ausbruch des Zugwald-Tunnels wird möglichst schnell ab Portal Klosters ausgeführt. Sobald der Tunnel ausgebrochen ist, wird ein Gleisanschluß nach Selfranga gebaut. Danach wird der Tunnel zum Abtransport von überschüßigem Ausbruchmaterial aus dem Vereina-Tunnel genutzt werden – umweltschonend per Bahn.

Die außerordentliche Länge des Vereina-Tunnels erfordert einen gleichzeitigen Vortrieb von beiden Seiten her. Weil die Tunnelangriffsstellen Selfranga und Susch-Lavin weit abseits liegen und zudem vorwiegend im Berginnern gearbeitet wird, bleiben die bewohnten Gebiete weitgehend von Immissionen verschont.

Wo immer möglich wird eine Tunnelbohrmaschine eingesetzt. Diese Installation gestattet ein gebirgsschonendes Auffahren des felsmechanisch günstigen Kreisprofils und ermöglicht hohe Vortriebsleistungen bei optimaler Arbeitssicherheit. Die zu erwartenden geologischen Verhältnisse sind mit bis zu 620 m tiefen Sondierbohrungen abgeklärt worden. Danach ist auf höchstens einem Drittel der Tunnellänge mittelmäßiges bis schlechtes Gebirge zu erwarten. Mindestens zwei Drittel des Vereina-Tunnels kommen in gutem Tunnelgebirge zu liegen.

Rund die Hälfte des auf der Klosterser Seite anfallenden Ausbruchmaterials wird an Ort und Stelle für Schüttungen verwendet. Ein Teil des Materials wird unterhalb von Saas im Prättgau für eine Trasseekorrektur im Bereich des Saaser Tunnels verwendet. Der Rest wird mit der Rhätischen Bahn auf Deponien abgeführt. Auf der Seite Susch-Lavin wird das Ausbruchmaterial großteils für den Unterbau des Autoverladebahnhofs genutzt. Ein Teil kann zur Aufbereitung von Sand und Kies weiterverwendet werden, der Rest wird in Deponien abgelagert.

Inbetriebnahme im Jahr 2000

Für die gesamte Vereinalinie wird mit einer Bauzeit von neun Jahren gerechnet. Infolge der Verzögerungen im Genehmigungsablauf konnte der eigentlich am 1. September 1987 vorgesehen gewesene allgemeine Baubeginn erst am 18. April 1991 erfolgen. Damit wird die Vereinalinie voraussichtlich im Jahr 2000 eröffnet werden.

Die Bedeutung der Vereinalinie für die Rhätische Bahn

Die Erfahrungen der Vergangenheit zeigen, daß das Aufwand-/Ertrags-Verhältnis einer Bahnunternehmung nur dann verbessert werden kann, wenn es gelingt, durch Erweiterung und Verbesserung des Angebots die Nachfrage zu steigern und die vorhandenen Kapazitäten besser auszulasten. Ein Rückgang der Nachfrage kann nur in sehr beschränktem Umfang durch Kostensenkungen aufgefangen werden.

Die Vereinalinie ermöglicht der Rhätischen Bahn eine positive Beeinflussung der Nachfrage. Mit der „Rollenden Straße" übernimmt sie eine zusätzliche Aufgabe. Für den Reiseverkehr ins Unterengadin wird die Attraktivität wesentlich verbessert. Die Schaffung einer zweiten Bahnverbindung ins Engadin entlastet die Albulalinie und erhöht gleichzeitig in bedeutendem Masse die Kapazität und die Flexibilität. Die Unterengadiner Linie wird gegenüber heute besser genutzt, was angesichts der hohen Unterhaltskosten sehr erwünscht ist.

Am 19. April 1993 wird die neue Klosterser Landquart-Brücke in einer spektakulären Aktion in ihre definitive Lage geschoben. Die Tunnelröhre links unten führt in den Klosterser Tunnel der Linie nach Davos.

Blick gegen das Nordportal des Vereina-Tunnels in Klosters Selfranga. 30. 3. 1994

Abbildungsverzeichnis:

Sämtliche Farbfotos in diesem Buch hat der Autor selber angefertigt.

Sämtliche historischen schwarz/weiss-Fotoaufnahmen in diesem Buch stammen aus der Sammlung des Autors.

Ortsnamen:

In diesem Buch werden die heute verwendeten romanisierten Ortsnamen verwendet.

Literatur (Auswahl)

Bener, Ehrentafel Bündner Ingenieure und Ingenieurwerke, Chur 1927

Bener, Gerüst- und Seilriesenbauer Richard Coray aus Trins, Chur 1939

Bener/Profanter, 25 Jahre Chur-Arosa Bahn 1914-1939, Chur 1939

Bernasconi/Dürler/Metzger, Umgestaltung und Verbesserung der Verkehrsverbindung Bellinzona–Mesocco sowie des Energieabsatzes des Kraftwerks Cebbia, Gutachten, Chur 1941

Bernhardinkomitee, Die Bernhardinbahn, Bisherige Vorarbeiten und Studien, Chur 1927

Brüngger/Studer, Die Albulabahn, Bahn im Bild 102, Wien 1980

Brunner/Giger, Leistungs-Steigerung Albula-Linie, Studie IVT-ETH, Zürich 1988

Caminada, Der Bau der Rhätischen Bahn, Disentis/Zürich 1980

Catrina, Die Entstehung der Rhätischen Bahn, Diss, Zürich 1972

Conzett, Die Albulabahn, Schweizerischer Kunstführer, Bern 1989

Dosch, Die Bauten der Rhätischen Bahn 1889-1949, Chur 1984

EVED, Ein Jahrhundert Schweizer Bahnen, 5 Bände, Frauenfeld 1947 bis 1964

Ferdmann, Willem Jan Holsboer, Davos 1934

Hettlinger, Albula – Bahn und Tal, Winterthur 1989

Hennings, Albula-Bahn, Denkschrift, Chur 1908

Hofmann, Der Bahnbau, Die Männer der Bauzeit und ihre Werke 1886-1914, Chur 1989

Jeanmaire, Die Berninabahn, Villigen 1973

Kanton Graubünden, Die Sanierung der Bündnerbahnen, Botschaft des Kleinen Rates an den Grossen Rat, Chur 1944

Koller, Die Berninabahn, München/Berlin 1911

RhB, 25 Jahre Gebirgsbahnbau in Graubünden, Chur 1928

RhB, 50 Jahre Albulabahn, Chur 1953

RhB, 50 Jahre Rhätische Bahn 1889–1939, Festschrift, Davos 1939

RhB, Bahnverbindung Prättigau–Unterengadin, Vereinalinie, Generelles Projekt, Chur 1985 ff.

RhB, Rhätische Bahn, heute – morgen – gestern, Chur 1989

SIA, Festschrift zur 40. Generalversammlung des Schweizerischen Ingenieur- und Architektenvereins, herausgegeben von der Sektion Graubünden, Chur 1903

Stolz/Jarne/Martenet, Das Rollmaterial der Rhätischen Bahn 1889-1989, Winterthur 1989

Studer, RhB – Gebirgsbahn in Graubünden, Zug 1985 und 1989

VRS, Verzeichnis des Rollmaterials der Schweizerischen Privatbahnen, Winterthur 1975 ff.

Wägli, Schienennetz Schweiz, Bern 1980

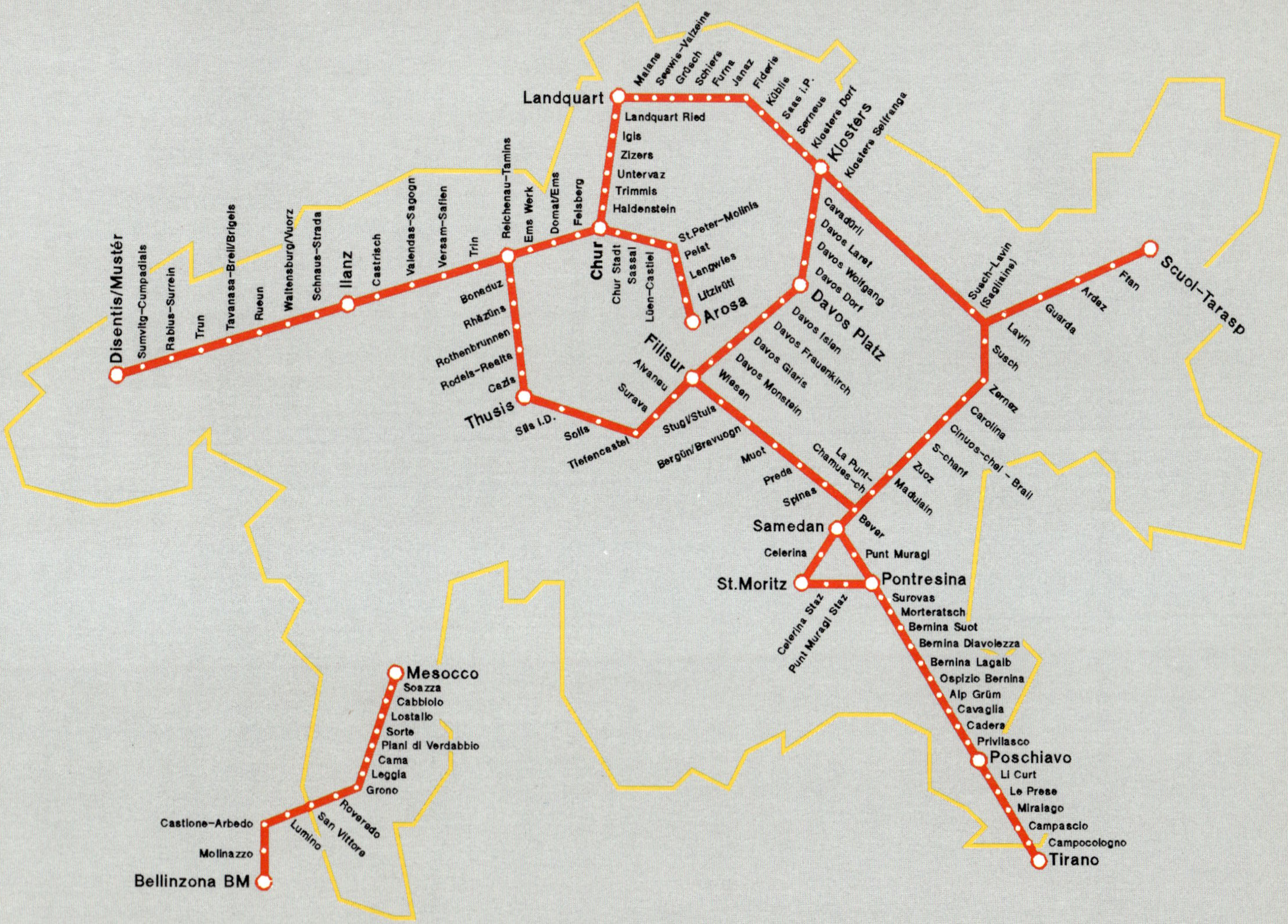

Strecken der Rhätischen Bahn
Kanton Graubünden